国家级职业教育规划教材
全国职业院校烹饪专业教材

烹调技术

段晓艳　主编

U0899694

中国劳动社会保障出版社

简　介

本教材为全国职业院校烹饪专业教材，由人力资源社会保障部教材办公室组织编写。

本教材共分为八章，介绍了烹调的起源与我国烹调技术的发展、我国菜肴的特点与流派组成、烹调的主要工具与基本功训练等基础知识，还介绍了火候、烹调原料的预熟处理、制汤、调味、糊浆调制技术、菜肴的烹调方法、菜肴装盘技艺等烹调技术。教材在每章后安排了“思考与练习”，帮助学生巩固所学内容，加深对理论知识的理解。

本教材由段晓艳任主编，韩枫、阳勇、尹涛、陶进业、张耀杰、蔡腾飞参编。

图书在版编目（CIP）数据

烹调技术 / 段晓艳主编．-- 北京：中国劳动社会保障出版社，2022

全国职业院校烹饪专业教材

ISBN 978-7-5167-5231-9

Ⅰ.①烹…　Ⅱ.①段…　Ⅲ.①烹饪 - 方法 - 中等专业学校 - 教材　Ⅳ.①TS972.11

中国版本图书馆 CIP 数据核字（2022）第 196329 号

中国劳动社会保障出版社出版发行

（北京市惠新东街 1 号　邮政编码：100029）

*

北京市白帆印务有限公司印刷装订　　新华书店经销

787 毫米 × 1092 毫米　16 开本　16 印张　292 千字

2022 年 12 月第 1 版　　2024 年 12月第 4 次印刷

定价：49.00 元

营销中心电话：400-606-6496

出版社网址：http://www.class.com.cn

http://jg.class.com.cn

版权专有　　侵权必究

如有印装差错，请与本社联系调换：（010）81211666

我社将与版权执法机关配合，大力打击盗印、销售和使用盗版图书活动，敬请广大读者协助举报，经查实将给予举报者奖励。

举报电话：（010）64954652

前 言

近年来，随着我国社会经济、技术的发展，以及人们生活水平的提高，餐饮行业也在不断创新中向前发展。餐饮业规模逐年增长，新标准、新技术、新设备和新方法不断出现，人们对餐饮的需求也日益丰富多样。随着餐饮行业的发展，餐饮企业对从业人员的知识水平和职业能力水平提出了更高的要求。为了培养更加符合餐饮企业需要的技能人才，我们组织了一批教学经验丰富、实践能力强的一线教师和行业、企业专家，在充分调研的基础上，编写了这套全国职业院校烹饪专业教材。

本套教材主要有以下几个特点：

第一，体系完整，覆盖面广。教材包括烹饪专业基础知识、基本操作技能及典型菜品烹饪技术等多个系列数十个品种，涵盖了中式烹调技法、西式烹调技法及面点制作等各方面知识，并涉及饮食营养卫生、烹饪原料、餐饮企业管理等内容，基本覆盖了目前烹饪专业教学各方面的内容，能够满足职业院校烹饪教学所需。

第二，理实结合，先进实用。教材本着“学以致用”的原则，根据餐饮企业的工作实际安排教材的结构和内容，将理论知识与操作技能有机融合，突出对学生实际操作能力的培养。教材根据餐饮行业的现状和发展趋势，尽可能多地体现新知识、新技术、新方法、新设备，使学生达到企业岗位实际要求。

第三，生动直观，资源丰富。教材多采用四色印刷，使烹饪原料的识别、工艺流程的描述、设备工具的使用更加直观生动，从而营造出更加直观的认知环境，提高教材的可读性，激发学生的学习兴趣。教材同

步开发了配套的电子课件及习题册。电子课件及习题册答案可登录技工教育网（jg.class.com.cn），搜索相应的书目，在相关资源中下载。部分教材针对教学重点和难点制作了演示视频、音频等多媒体素材，学生扫描二维码即可在线观看或收听相应内容。

本套教材的编写工作得到了有关学校的大力支持，教材的编审人员做了大量的工作，在此，我们表示诚挚的谢意！同时，恳切希望广大读者对教材提出宝贵的意见和建议。

人力资源社会保障部教材办公室

目　录

第一章 概 述

学习目标

1. 了解烹调的起源和意义，了解我国烹调技术的形成与发展
2. 了解我国菜肴的特点与流派组成
3. 了解烹调的概念、基本要素及作用
4. 熟悉烹调工具，掌握烹调基本功

饮食是人类赖以生存和发展的重要物质条件之一，饮食水平的高低与社会生产力和人类文明程度是分不开的，人类文明始于饮食。中国是人类文明的发祥地之一，中国的饮食文化历史悠久，源远流长，技艺精湛，博大精深，是中华民族文化宝库中一颗璀璨的明珠。随着生活水平的提高和文明程度的进步，人们对饮食文化的追求由浅层次向更深层次发展，逐渐升华为精神享受，向往在饮食过程中吃出品位、吃出健康、吃出文化的饮食情趣，把饮食作为整个生活方式的组成部分而赋予其文化的形式和内涵。

第一节 烹调的起源与我国烹调技术的发展

人类从生食到熟食，把野生的动植物变为可食性原料，再将其烹调成美味可口的佳肴，经历了一个漫长的时期。

一、烹调的起源和意义

1. 烹的起源

在遥远的太古时代，原始人的住所——森林，常因雷电而引起火灾，当火熄灭之后，原始人轻松获得了一些没来得及逃脱而被烧死的野兽尸体来充饥，感觉比生食鲜美，也容易咀嚼。这种现象不断重复，人类逐渐懂得了食物可以用火烧熟而食，并且好吃，进而产生了吃熟食的愿望，于是便开始设法保留火种。图 1–1 所示描绘了原始人利用火的场景。这说明“烹”起源于火的利用。

图 1–1 火的利用

2. 调的起源

人类开始吃熟食时，还不知道调味。有些生活在海边的原始人，偶然把猎来的食物放在海滩上，由于食物表面沾上了一些盐的晶粒，烧熟食时感觉滋味特别鲜美。经过无数次反复，原始人逐渐懂得了这些晶粒能起到增强食物美味的作用，于是开始收集盐粒，进而发明了烧煮海水来提取食盐的方法。这样，最简单的调味品就形成了。这说明“调”起源于盐的利用。

3. 发明烹调的重大意义

火的发现和利用对人类进步具有重大作用。恩格斯曾说：“摩擦生火第一次使人支配了一种自然力，从而最终把人同动物界分开。”熟食是人类发展的主要条件，而烹调的发明，则是人类进化的一个关键因素，是人类发展史上的里程碑。烹调的发明具有以下五个方面的重大意义：

（1）火的发现和利用改变了人类茹毛饮血、生吞活嚼的野蛮原始生活方式。这是人类改造客观世界的一项成果，在摄食以维持生存这一主要生活方式上，使人类最终区别于动物，从而开始了人类文明的新时期。

（2）先烹后食又是人类饮食上的一次大飞跃。烹而后食不仅可以杀菌消毒，改善滋味，减少咀嚼的负担，而且利于消化，使人体从食物中汲取更多的营养，促进人类体质的增强和身体健康，为人类的智力和体力的进一步发展创造了有利条件。

（3）发明烹调后，人类扩大了食物的来源，开始食用鱼类等水产品。为了就近获得水产品，人类开始迁移到江河岸边居住，最终脱离了与野兽为伍的生活环境。

（4）熟食以后，由于吸收营养多而全面，饱腹感和耐饥饿感增强，人类逐渐养成了定时饮食的习惯，从而有更多的时间从事其他的生产活动。

（5）通过烹调，人类逐渐懂得了使用饮食器皿，进而形成了生活上的一些礼节，开始向文明社会过渡。

二、我国烹调技术的形成与发展

烹调随着人类社会的出现而产生，又随着人类物质文明和精神文明的发展而不断丰富自身的内涵。炊具是烹调的主要生产工具，不同性质炊具的产生与变化，决定着不同烹调方法的产生，同时也意味着人类的发展与进化。从炊具发明、演变与使用的角度来说，我国烹调技术的形成与发展大致经历了无炊具烹、石烹、陶烹、铜烹、铁烹等阶段。

1. 无炊具烹

人类从开始用火直接加热制作熟食起经历了四十多万年，这段时期为旧石器时期，人类处于无炊具状态，食物原料用火直接加热制熟。这一时期的食物主要由动物原料构成，辅之以果实、种子。动物原料靠狩猎获取，对食物原料由完全不加工、整体投入火中烹制，发展到后期的粗放加工。这一阶段并未发现有关调味的考古遗存。从加工十分原始、烹制十分简单来判断，不可能存在调味过程。由此可见，人类最早使用的烹调方法，是烧和烤等“直接烘烤法”。

2. 石烹

人类从长期无炊具烹的实践中积累了大量的经验，尤其是人工取火技术的熟练掌握，使固定的火堆烹制发展到可以随地生火烹制。另外，人类的智力也不断增长，具备了改善原始的无炊具烹制的主观条件。因而与前一段时期相比，烹制技术的进步速度明显加快，这一阶段人类学会利用石板、石块（鹅卵石）作炊具，间接利用火的热能烹制食物，这可以从“石上燔谷”的记述中得到印证。石烹法分为三种：一种是外加热法，即将石头堆起来烧至炽热后扒开，将食物埋入，包严，利用热辐射使原料成熟。另一种是内加热法，是将石头烧红后，填入食品中，使之受热成熟。还有一种是烧石煮法，取天然石坑或地面挖坑，也可用树筒之类的容器，内装水并下原料，然后投入烧红的石块，使水沸腾煮熟食物。

3. 陶烹

陶烹时期距今一万一千年左右，一直延续至尧、舜时代，相当于整个新石器时期。随着生产力的发展，人类发明了制陶术。由于陶鼎、陶鬲的发明与使用，人类开始将食物和水放在一起煮食，这与以前的直接加热方法相比发生了质的变化，文明意义上的早期烹调技术便出现了。陶鼎如图 1-2 所示，陶鬲如图 1-3 所示。另外，在这一时期夙沙氏“煮海为盐”，人类终于有了盐，有烹有调的格局开始形成。

陶鼎是新石器时期出现的炊具，三足两耳，足内中空。当时，人们把各种能吃的食物和水一起放入鼎里，然后在鼎的底部生火，把食物煮熟

图 1-2 陶鼎

陶鬲，是古人烧汤煮饭的一种炊具，三条对称的空足，能够让它稳稳立定

图 1-3 陶鬲

陶甑、陶甗的发明，实现了人类饮食由煮食向蒸食的过渡，这也是我国烹调技术发展方向定性的重要特征。陶甑如图 1–4 所示，陶甗如图 1–5 所示。

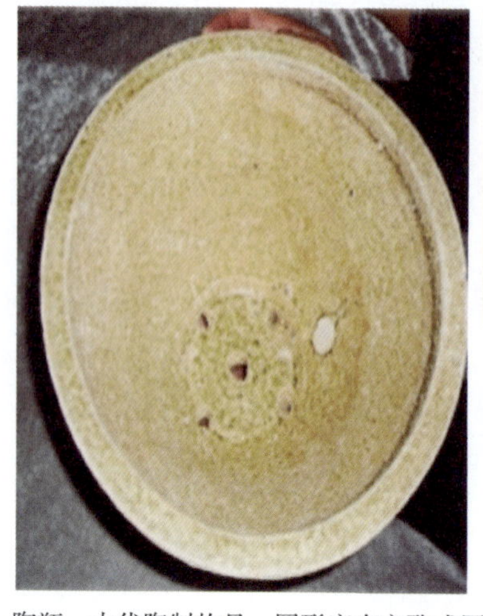

陶甑，古代陶制炊具。圆形底有方孔或圆孔，有的在器壁近底处也有孔，置于鼎、鬲等上面蒸食物用。仰韶文化半坡遗址中已有出土

图 1–4　陶甑

陶甗（拼音：yǎn，读“演”音），古代陶制炊具，为两部分，下半部分是鬲，用于煮水，上半部分是甑，甑的底部有镂空的孔，可通水蒸气用来蒸熟食物

图 1–5　陶甗

由于陶鼎、陶鬲、陶甑、陶甗等炊具的发明和使用，这一时期的烹调方法得以拓展，从以前的“直接烘烤法”发展到了烧、煮、炖、蒸等“加水烹调法”。

4. 铜烹

距今四千年左右，相当于夏、商、周三代（特别是商代），随着冶炼业的发展，开始出现了铜制炊具。人类发明了青铜的冶炼和青铜器的制造技术，青铜器的大量使用，不仅产生铜鼎、鬲、釜、甗等加热炊具，而且有了切刃锋利的刀具。青铜器炊具如

图1–6所示。青铜炊具比陶制炊具耐受高温，锋利的金属刀具可把原料加工成丁、丝、片等较小的形状，加之油脂的出现，高温加热的烹调方法随之产生，如炸、炒等。

a)

b)

c)

d)

图1–6 青铜器炊具

a）铜鼎 b）铜鬲 c）铜釜 d）铜甗

随着烹调中的选料、刀工、配菜、调味、勾芡等不同程度的发展，烹调方法大大增多，现已知当时的烹调方法有烤、炙、烹、炒、煮、炖、煎、炸、渍、熬、烧、煨、烩等。烹调品种也随之增多，最负盛名的是周代宫廷肴馔“八珍”，即淳熬、淳母、捣珍、炮豚、炮牂、熬、肝膋、渍。这个时期的烹调理论主要是商、周以后的烹调实践所积累和总结的食物配比的原则，后来演变、升华为《黄帝内经》中提出的“饮食有时”“饮食有节”“无使过之”和“五谷为养，五果为助，五畜为益，五菜为充，气味合而服之，以补益精气”的配膳理论与用膳原则。这些理论和原则对于烹调过程中的合理搭配，并充分发挥食物的营养作用都有着重要的指导意义。尤其伊尹的“五味调和论”称，“调和之事，必以甘酸苦辛咸，先后多少，其剂甚微，皆有自起”，要求“甘而不浓、酸而不酷、咸而不减、辛而不烈、淡而不薄、肥而不腻”。这些论点，表现出了朴素的辩证调味方法，讲究过犹不及，和谐统一，成为我国烹饪几千年来的指导原则，为我国烹调理论确立了一块重要的奠基石。

5. 铁烹

铁鼎始于春秋晚期，铁锅、铁釜始于西汉。铁烹时期距今两千年左右，这个时期我国烹调技术已基本定型，是我国烹调技术的成熟期。铁锅使“炒”法普及，水熟、油熟、混合制熟的烹调方法逐步形成。烹调原料中，加工性主配料与调味料大大增加。铁制刀具的使用，使加工越来越精细，烹调工艺日臻完善。由于石磨的出现，可以加工出精细的面粉、米粉。到魏晋南北朝时，面点得到了迅速发展，技法与花色品种都丰富起来。这个时期食品的质量日趋精美，地方风味特色逐渐显现，饮食市场的繁荣与厨行行帮的产生、发展与交流，促进了众多风味流派的形成，出现了百花争艳、兴旺昌盛的局面，中国烹调技术体系完全成熟，《齐民要术》中就有关于这个体系里程碑式的文献记录。到了隋唐五代，食品雕刻和冷盘技术起着锦上添花的作用。五代时期尼姑梵正用鲊臛、脍脯、醢酱、瓜蔬、黄赤杂色斗成景物，合成名胜图样，称作“辋川小样”，开创了中国花色冷盘的先河。铁烹时期是烹饪著述的丰收期，影响较大的有元代的《饮膳正要》《云林堂饮食制度集》，明代的《易牙遗意》《墨娥小录》《多能鄙事》《遵生八笺》，清代的《调鼎集》《食宪鸿秘》《醒园录》《随园食单》《养小录》《随息居饮食谱》等。其中影响最大的是袁枚所著的《随园食单》，此书是我国烹饪理论的优秀代表作。

辋川小样，是五代时期尼姑梵正根据王维所绘制的“辋川二十景”而制作的花色拼盘。

辋川，是诗人王维在陕西蓝田县的别院，此处山峦苍翠，泉水潺潺，有辋水、欹湖、椒园等二十一景之胜。王维在此不仅用诗抒发了对辋川的热爱，而且用笔绘下了迷人的辋川美景。

辋川小样，一盘一景，用脍、脯、酱、瓜、蔬、果精巧制作而成，一客一份，如果坐满 21 人，便合成《辋川全景图》。

此菜群山环抱，树林掩映，亭台楼榭，云水流肆，呈现出悠然超尘的意境，真可谓是将菜肴与造型艺术融为一体，使菜上有山水，盘中溢诗歌。

我国烹调技术体系在其形成和发展的过程中，始终是与饮食文化的交流同步进行的。秦汉时期的西域饮食文化、魏晋南北朝时期的北方游牧民族饮食文化、隋唐时期的东亚饮食文化、宋元时期的南亚饮食文化、明清以来的西方饮食文化，都对传统饮食文化产生过重要影响，其中也包括烹调技术。特别是 20 世纪以后，我国烹调技术的进步，也受到了西方近代科学技术的影响，最为典型的代表就是电冰箱、微波炉、电磁炉及各种燃气灶具的应用。

20 世纪 70 年代末，我国烹饪的发展进入了崭新的阶段。各地的传统风味菜肴纷纷恢复上市，各种现代化炊具逐步普及，现代调味品应用于烹饪，烹调技术显著提高，花色品种不断创新。各种风味流派日臻成熟，中医食疗与现代营养学相互结合，烹调理论研究得以迅速发展与提高，从而使我国烹饪出现了一个空前的百花齐放、异彩纷呈的大繁荣局面，主要表现为：

（1）开发新食源。这一时期的烹饪原料又有新的发展和变化，除了充分利用现有的原料，增加产量，提高质量外，还引进人工养殖（或种植）的新食材，如牛蛙、鸵鸟、袋鼠、海狸、玉米笋、夏威夷果、泰国米、西蓝花等。与此同时，还在大量推广种植反季节蔬菜、繁殖食用昆虫、提取植物蛋白、利用野生草木、推广强化食品等方面开展科研，成果显著。

（2）餐厨设备逐步现代化。许多餐厅、厨房设备大为改观，普遍使用冰柜、煤气灶、红外线烤箱、微波炉、电磁炉、制冰机、紫外线消毒柜、自动洗碗机、不锈钢工作台、运水除烟灶具和其他饮食机械设备。因此，烹饪工作环境清洁，污染减少，劳动强度下降，工作效率提高。

（3）注重营养配膳。现代烹饪除了原料品类不断扩充外，膳食结构也有质的变化，更讲究膳食结构合理和营养平衡，强调三低两高，即低糖、低盐、低脂肪、高蛋白质、高纤维素，传统的大鱼大肉、厚油浓汤的食风正在逐渐改变。鸡鸭鱼鲜和蔬菜水果利用率提高，破坏营养素和有损健康的烹调技法逐步改进，研创营养菜谱、食疗菜谱、养生菜谱蔚然成风。食用以碳水化合物为主的谷物比例相对减少，食用含蛋白质较多的动物、蛋奶、豆类和菌类原料相对增加。

（4）重视艺术审美价值。食雕、冷拼、围边和热菜装饰技术发展很快，不仅从立意、命名到定型、敷色，都注意表现时代精神和民族风格；而且努力运用美学原理，借鉴实用工艺美术的表现手法，赋予菜品新的情韵，提高艺术审美价值。此外，在餐具上也有很大的革新，流行明净的新工艺瓷，使美食、美器相映生辉。

（5）烹调工艺逐步规范化。重视菜品研究，对菜点的每道工序、各种用料的比例都注意分析，量化用料指标和工艺流程，并用菜谱或录像方式记录下来。例如编制《中国名菜肴》《中国小吃》等，组织各地名师和专家逐一试制、审核，要求定性、定质、定量，操作规范，文字准确。

（6）积极进行宴席改革。从国宴开始，渐及各种礼宴、喜宴、家宴。总的发展趋向是“小”（规模与格局）、“精”（菜点数量与质量）、“全”（营养配比）、“特”（地方风味和民族特色）、“雅”（讲究卫生，注重礼节，陶冶情操，净化心灵）。

第二节　我国菜肴的特点与流派组成

一、我国菜肴的特点

经过长期的发展，我国烹调技术融汇了灿烂的传统文化，集各民族烹调技艺之精华，形成了具有中国菜肴独有的特征。

1. 选料讲究，用料广泛

选料是中国厨师的首要技艺，是做好中国菜肴的基础。这就要求厨师具备原料知识和判断原料质地好坏的技能。我国古今厨师选择原料都非常讲究，质量上力求鲜活，规格上不同的菜肴有不同的要求。以猪肉做原料的菜肴为例，“软炸里脊”必须选用里脊肉。各种名菜的选料更为精细。例如，制作“北京烤鸭”时，必须选用北京填鸭；制作“软熘黄河鲤鱼焙面”，必须选用黄河鲤鱼。

2. 刀工精细，配料巧妙

刀工和配料是制作菜肴时的重要技术。它是根据菜肴的制作要求，运用不同的刀法，将原料加工成大小、粗细、厚薄、花纹、形态一致的形状，加以巧妙的配合，以保证烹调时受热均匀、成熟度一致。这样不但有利于滋味调和，而且能使菜肴色形美观，富有营养。例如豫菜中的熘掐菜，在配料时选用绿豆芽为主料，掐头去根后称为掐菜，选用瘦火腿肉切牛毛丝逐一穿入绿豆芽的心中，使配置好的菜肴原料脆衣红心，色彩艳丽，充分体现刀工的精细和配料的巧妙。

3. 精于用火，锅工独到

中国烹调善于用火。善于掌握火力的强弱和加热时间，是厨师的基本功之一。厨师可根据菜肴不同的特点要求，把火力分为旺火、中火、小火和微火四类；根据菜肴不同的形状要求，巧妙地利用大翻、小翻、旋锅等技巧，使菜肴形态完美、质感丰富。

4. 注重调味，味型丰富

中国菜肴在调味方面不但重视原料的本味，更注重运用调味料进行调和。烹调过程中不但要求下调味料恰当、适时，还要求根据风味、季节和原料性质的不同进行调味。制作菜肴时，有的在原料加热前调味，有的在原料加热中调味，还有的在原料加热后调味，做到有味使其出，无味使其入，使菜肴的味更加完美。如咸鲜味、甜咸味、酸甜味、香辣味、椒麻味、鱼香味等，都是历代厨师创造的美味。

5. 烹技高超，方法多样

由于始终使用明火烹调，加之传热介质选用灵活，使得中国烹调技法多种多样，如炸、熘、爆、炒、烹、炖、贴、烩、焖、煎、烧、氽、煮、蒸、烤、熏、涮、炝、拌、腌、卤、冻及专门用以制作甜菜的拔丝、挂霜、蜜炙等多达几十种。

6. 品种繁多，花色多样

烹调方法的多样化，使烹制出的菜肴品种繁多，花色多样。“一料多法，一法多料”，使菜品形成酥、脆、柔、软、嫩、烂、滑、黏等不同质感，形态精美、秀丽逼真。

7. 合理配膳，注意营养

中国烹饪十分注重原料的营养成分、性能、特点以及合理搭配，两千多年前《黄帝内经》中药食同源的思想已深入人心。在烹调实践中，在保证菜肴的色、香、味、形的基础上，有效地保持了菜肴的营养，以达到均衡营养、滋补养身的目的。

8. 盛装器皿，选配适宜

中国菜肴的盛装器皿具有品种多样、外形美观、质地精致、色泽鲜艳的特点。在盛装菜肴时非常注重依据菜品的特点选配精美的盛器，衬托着色、香、味、形、意俱佳的菜肴，犹如牡丹绿叶，相得益彰。

9. 幅员辽阔，菜系众多

中国是幅员辽阔、历史悠久的多民族国家，由于民族信仰、风俗习惯、地理气候和物产的差异，各地区人民群众的饮食习惯和品味爱好有很大不同，因而发展出品种繁多、具有地方风味和特色的菜肴，以及与之相适应的烹调方法。

二、我国菜肴的流派组成

我国烹饪技艺始于炎黄夏商，发展于春秋，形成于唐宋。我国菜肴的流派组成，北宋时已初见端倪，那时便有南食、北食两大风味。经过元、明两代的沉淀积累，至清初，我国烹饪的四大流派便完全形成。北部也称北派，包括黄河中下游以及黄河以

北地区，以河南、山东、辽宁为代表，口味咸鲜；东南部也称东南派，包括江淮一带地区，以江苏、浙江为代表，口味淡而偏甜；西南部也称西南派，包括川、黔一带，以四川为代表，口味喜辛；南部也称南派，包括两广一带，以广东为代表，选料广泛、口味清淡。流派的形成，是中国这样一个幅员辽阔、物产丰富、风俗各异的多民族国家烹调技艺交流发展的必然结果。各流派的形成既丰富了中国烹饪的内容，促进了中国烹饪的全面发展，也构成了中国烹饪的千变万化、五彩缤纷，呈现出百花争艳的盛况。到清代末期，鲁菜、苏菜、川菜、粤菜、湘菜、闽菜、徽菜、浙菜已成为我国最有影响的地方菜，之后被称为中国烹饪流派的“八大菜系”。

各地方风味菜选料考究、制作精细、品种繁多、风味迥异，讲究色、香、味、形、皿俱佳的协调统一，其高超的烹调技艺和丰富的文化内涵，堪称世界一流，且各有其独特的发展历史，不仅体现着精湛的传统技艺，而且在历史发展中形成了优美动人的典故与传说，成为我国饮食文化的一个重要组成部分。

第三节　烹调的概念、基本要素及作用

一、烹调的概念

《中国烹饪词典》中关于烹调的概念是这样界定的:“烹”即加热、烧煮食物,“调”即调和滋味。烹调是制作菜肴的术语，是指把经加工整理的烹调原料，用加热和加入调味品的综合方法制成菜肴的一项专门技术。

从烹调的概念中我们已知“烹”和“调”是烹调操作的两个不同的方面，但是两者是紧密联系、有机结合、不可分割的。

“烹饪”一词始见于《周易·鼎》的记载，“以木巽火，亨饪也”。鼎是我国最早的炊具，初为陶制，后用铜制，还充当祭祀的礼器，作为权力的象征。“木”为燃料；“巽”是八卦之一，代表风。“亨”也作烹，“饪”为熟，合为“烹饪”，通常理解为运用加热的方法制熟食品。“以木巽火，亨饪也”就是将食物原料放置于炊具中，用木头燃烧加热，制熟食物。由此可见，烹饪这一词在古代就包括了炊具、燃料、食物原料、调味品以及加热制熟的方法诸项内容。

烹饪是指人类为满足生理需求和心理需求，把食物原料用适当的加工方法和加工程序制成餐桌食品的生产和消费行为，是人类饮食活动的基础之一。烹饪，对于一个家庭来说，属于家务劳动；对于饮食企业来说，是一个服务性产业，即餐饮行业。

烹饪和食品工程密不可分，它们的目标相同，科学原理相同，为社会、为人类服务的任务相同，只不过食品工程所涉及的行业门类更多，机械化、现代化的程度更高。

其中就与烹饪的产品形态相似的糕点、速冻食品、方便食品、某些肉制品和蛋奶制品而言，其手工劳动程度越来越少。而烹饪主要还是以手工劳动为主，后厨制作，前厅用餐，现做现吃，一般不添加任何防腐原料，单项产品的生产规模很小。而新兴的快餐业，则处在两者的结合点上。

在一般的语言习惯中，烹饪和烹调常常混用。随着烹饪学术语言走上规范化道路，把烹饪定为一个专业的名称，而烹调则仅指菜肴的烹制技术。鉴于中国餐饮业的行业术语中一直将制作菜肴的工种叫红案，将制作面点的工种叫白案，故而已将红案规范为烹调，白案规范为面点，在有关法规中，红案厨师被称为中式烹调师，白案厨师被称为中式面点师。

二、烹调的基本要素

烹调工艺作为一种技术体系，是以食物原料为加工对象，以各种炊制器具和餐饮器皿为工具，以切割、加热和调味为主要手段，制备供人们安全食用的菜肴成品。因此，由对象、工具和手段构成一个完整的生产体系，在烹调工艺方面的体现就是食物原料、烹饪工具和烹调技术三者，它们就是烹调工艺的基本要素，这三个基本要素是共同适应、协调发展的。

1. 原料

原料既是烹饪的物质基础，也是烹饪诸要素的核心，因为其他的要素都是作用于它的。原料转化为菜品后，可以提供营养，果腹充饥，满足食欲。又由于好菜源自好料，所以用料必须筛选，恰当地进行组合。俗话说，巧妇难为无米之炊，就是对原料重要性的概括。故袁枚说：“一席佳肴，厨师之功居六，采购之功居四。”但是随着资源和环境等因素的变化，人们在选择原料时，也要注意保护地球生态平衡。可喜的是，由于新的种植和养殖技术的提高，人工培育的原料正源源不断地走上人们的餐桌，为烹饪提供了源源不断的食材。

2. 工具和能源

随着陶器、青铜器和铁器在烹饪领域中的广泛使用，我国烹饪经历了一次又一次质的飞跃。烹饪器具的不断发明，使烹饪技术日臻完善，烹饪效果不断提高，菜品品种不断增加。由于烹饪灶具和燃料也不断发生变化，使烹调更为清洁、高效、方便。

3. 技术

科学技术是第一生产力，烹调也不例外。一般来讲，烹调技术包括四项：火候的掌握、刀工的掌握、调味的技术、用勺的技术。所以在餐饮行业中，广大烹饪工作者要树立正确的思想，形成良好的职业道德，练就扎实的基本功，不断提高综合素质，把中华烹饪发扬光大。

三、烹调的作用

1. 烹的作用

烹的目的就是把生的食物通过加热制成熟的食品。

（1）使食物得到杀菌消毒，以利于身体健康。一般生的原料，无论如何新鲜，都或多或少带有细菌或寄生虫之类的致病因素。这些微生物和细菌一般都惧怕高温，在85 ℃时都能被杀死。所以，加热是杀菌消毒的有效措施。

（2）促进食物养料分解，便于人体消化吸收。食物原料中含有人体需要的各种营养素，加热可以起到初步分解原料中营养素的作用，使原料的营养成分便于人体消化吸收。如蛋白质加热以后，一部分凝固，另一部分溶解到汤里成为溶胶蛋白；脂肪经过加热，可以水解为脂肪酸和甘油；淀粉经加热，可以水解为糊精和葡萄糖等。这些分解后的溶胶蛋白、脂肪酸、葡萄糖可以直接被人体吸收和利用，从而减轻了人体消化器官的负担。

（3）使食物变得芳香可口。食物中一般都含有醇、酯、酚、糖等有机物，它们在受热汽化时变得芳香四溢，诱人食欲。

（4）使食物原料的单一滋味混合成复合的美味。一道菜肴往往由几种原料组成，而每一种原料都有其特殊的滋味。在烹调之前，各种原料的滋味都是独立存在，互不融合的。一起加热时，随着温度的升高，各种原料的分子运动逐渐剧烈起来，一种原料的部分分子会进入另一种原料内。特别是通过锅中沸热的水和油的作用，使各种原料中的分子更容易相互渗透，从而形成复合的美味。

（5）使食物的色泽鲜艳，形状美观。加热可以大大改善食物的外观。例如，用急火速炒成熟的蔬菜，色泽碧绿；经高温油炸的原料颜色金黄；虾经过加热后鲜红通透；鱼片上浆滑油后洁白如玉。同时，有些剞过花刀的原料，加热后会形成美丽逼真的形态，如球形、麦穗形、菊花形、兰花形等。

2. 调的作用

调的目的是使菜肴滋味鲜美，色泽美观。

（1）除掉异味，去腥解腻。如牛羊肉、水产品原料往往有较重的膻腥气味，只有通过加入适当的调味料才能解除，食物的美味才会显现。

（2）味重原料减味，味淡原料增味，使之浓淡适宜。

（3）确定口味。根据需要，加入适当的调味料会形成不同的风味。

（4）增加菜肴的色彩，使菜的色泽调和。如酱油能使菜肴呈酱红色，咖喱粉能使菜肴呈淡黄色，番茄酱能使菜肴呈鲜红色，红腐乳汁能使菜肴呈玫瑰红色等。通过调味，可以使菜肴色彩丰富，鲜艳美观，从而增进人们的食欲。

第四节　烹调的主要工具与基本功训练

烹调操作中用具的种类较多，因各地区使用习惯不同，品种形态也有较大的差异，但其使用方法基本相同，基本功训练方法也基本相同。

一、烹调的主要工具及运用

1. 铁锅（别称镬子、炒勺、炒瓢等）

铁锅按材质分为生铁锅和熟铁锅两种，按形状分为双耳式与单柄式（又称京锅、炒勺）两种。在全国饮食行业使用较多的是熟铁双耳式、生铁双耳式和熟铁单柄式铁锅，如图 1–7 所示。熟铁双耳式一般在我国南方地区使用较多，又称“广锅”；生铁双耳式在华中各省使用广泛；熟铁单柄式在华北地区各省广泛使用。单柄式在菜肴原料翻锅时可前翻、后翻、拉翻、侧翻等，使用比较灵活；双耳式多用于前翻、拉翻和侧翻等，其容积较单柄式大。

2. 手勺

手勺是搅拌锅中菜肴、添加调味品及将烹制成的菜肴装盘的工具。手勺按材质分为不锈钢和铁质两种，勺头的形状有圆形和椭圆形两种，直径为 9 ~ 12 厘米不等。手勺有一长柄，柄端可装木柄。现在还出现了带有测温装置的手勺，使用时能测定油温和水温。手勺如图 1–8 所示。

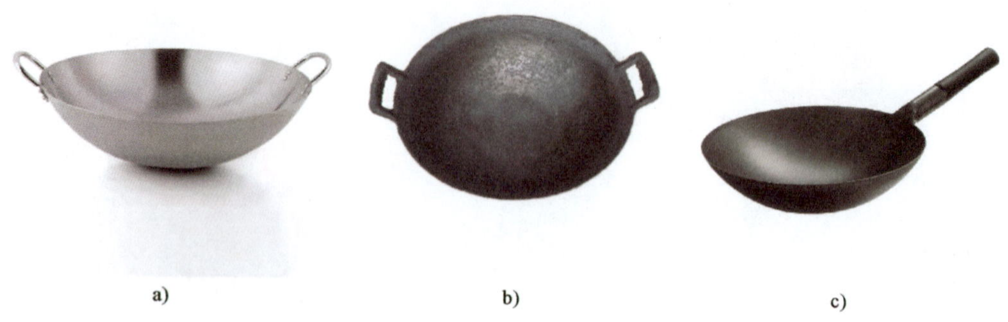

a) b) c)

图 1–7 铁锅

a）生铁双耳式 b）熟铁双耳式 c）熟铁单柄式

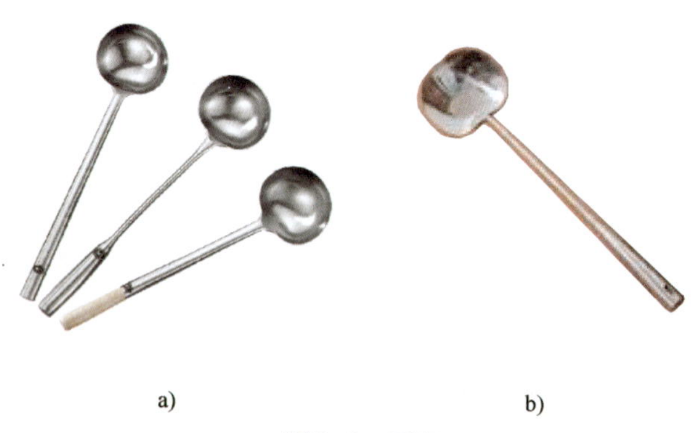

a) b)

图 1–8 手勺

a）圆形手勺 b）椭圆形手勺

3. 手铲

手铲是烹制煎、贴类菜肴时使用的翻动原料的工具，有铜制、铁制、不锈钢制和竹木制多种，形状各异，但用途相同。手铲如图 1–9 所示。

4. 漏勺

漏勺是从油或水等液体中捞取原料的工具。漏勺的形状有圆形和椭圆形，材质有铁制和不锈钢制两种，勺头直径一般为 13 ~ 28 厘米。漏勺的形状与手勺相似，只是在勺头上有很多均匀的小孔，目的是在捞取原料时使油或水能从小孔中迅速滤去。漏勺如图 1–10 所示。

5. 笊篱

笊篱的用途与漏勺相近，传统用铁丝、篾丝编制而成，现普遍使用的是不锈钢制。铁丝制笊篱和不锈钢制笊篱多用于从油或汤里捞取原料，而篾丝制笊篱一般用于捞取面食。笊篱如图 1–11 所示。

a)

b)

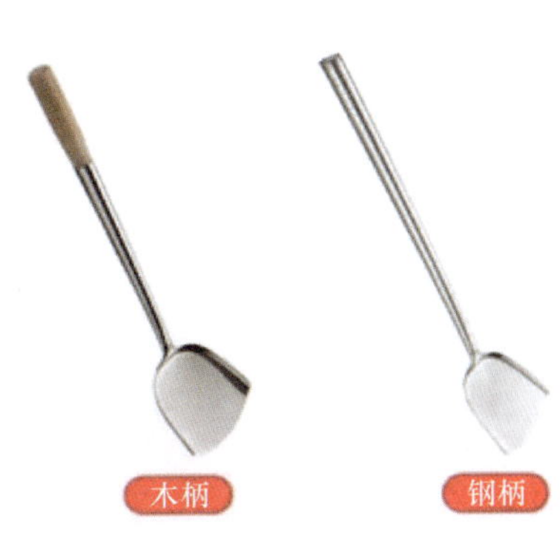

c)

图 1-9 手铲

a）不锈钢制手铲 b）竹木制手铲 c）木柄与钢柄手铲

图 1-10 漏勺

a)

b)

c)

图 1-11　笊篱

a）粉篱　b）铁丝制笊篱　c）不锈钢制笊篱

6. 网筛

网筛是用于过滤汤汁、油料或调味品中微小渣滓的工具，是采用很细的铜丝或不锈钢丝制成的稠密圆形的网状筛子。网筛如图 1-12 所示。

图 1-12　网筛

7. 铁叉（钩）

铁叉（钩）是从汤锅或油锅中捞取整只或大块原料的工具，一端为手柄，另一端是两个带钩的叉头，有防止原料脱落的作用。铁叉（钩）如图 1-13 所示。

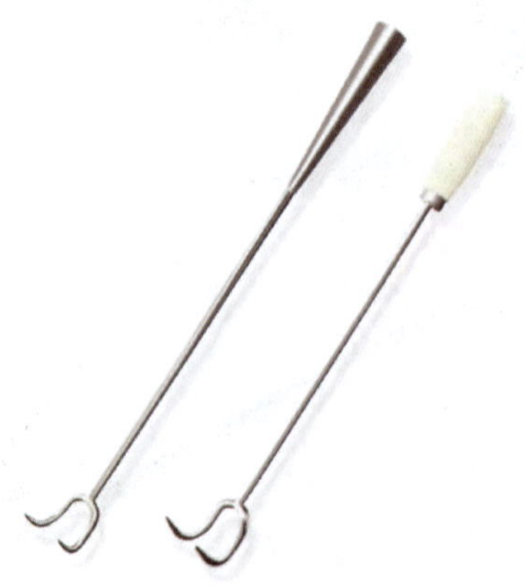

图 1-13　铁叉（钩）

8. 铁筷子

铁筷子是用于在油锅中划散细小原料的工具，供滑油或炸制食物时翻拌或捞取物料时使用，其形状是一尺多长的小铁条，与普通竹筷相同。铁筷子如图 1–14 所示。

图 1–14 铁筷子

9. 蒸笼（笼屉）

蒸笼是蒸制菜肴的工具。一般圆形的称为笼，方形的称为屉，可以多层叠放在一起，有木制、竹制、铝制、铁制和不锈钢制，大小视用途而定。蒸笼置沸水锅或蒸汽口上，顶层是笼盖，通过蒸汽使原料成熟。笼盖有平顶和圆锥形顶两种，圆锥形顶盖可使蒸汽还原成水时从四周流下，防止水滴在菜肴上而破坏口味和造型。蒸笼如图 1–15 所示。

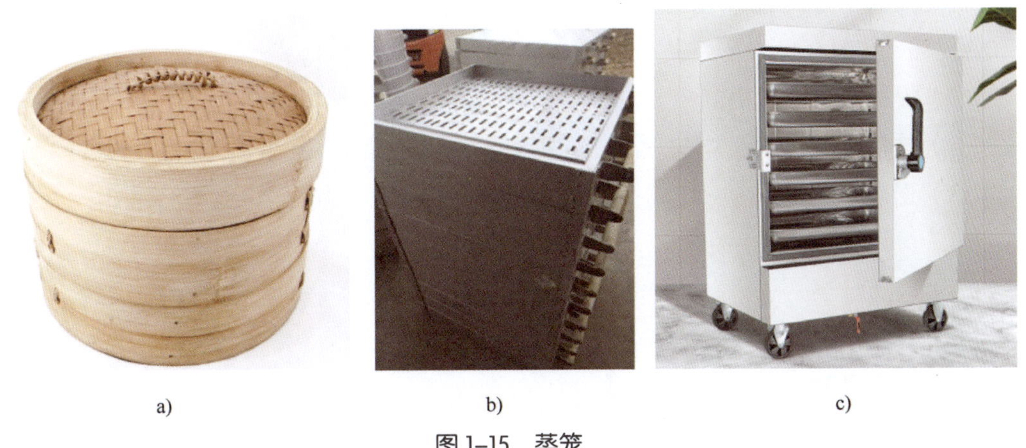

a) b) c)

图 1–15 蒸笼

a）圆形竹制小蒸笼 b）方形蒸笼 c）蒸箱

10. 竹箅

竹箅也称“锅箅”“扒箅”，是用竹篾条编制而成的，箅上分布有均匀的六方孔眼，外沿有圆形和六边形两种。竹箅的主要用途是：扒制成型菜肴和涨发一些易散碎的原料时起固定原料形状的作用。例如，用水走红时为防止富含胶质的原料粘锅，竹箅起到使原料与锅底隔离的作用。同时，竹箅也是传统豫菜烹调方法中扒制菜肴的必备用具。竹箅如图 1–16 所示。

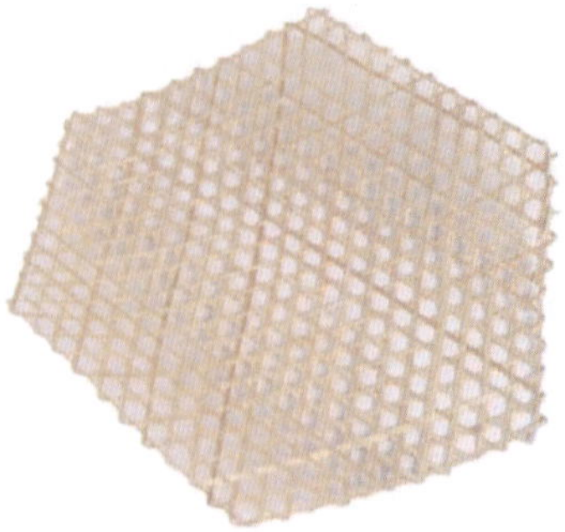

图 1–16 竹箅

二、烹调基本功训练

1. 烹调操作的一般要求

烹调操作是一项繁重的体力劳动，常在高温条件下进行，所用的工具设备比较笨重。为了适应这种工作环境，烹调师必须做到以下几点：

（1）加强身体锻炼，以增强体力和耐力（特别是臂力）。

（2）操作姿势正确自然，以利于减轻疲劳，提高工作效率。

（3）熟悉各种工具的正确使用方法，并能灵活应用。

（4）在操作时，必须注意力集中，动作敏捷，注意安全。

（5）使用调味料准确、适量，并经常保持灶面整洁，注意清洁卫生。

2. 烹调基本功训练

烹调操作是一项复杂细致的工作，技术性很强，烹调师只有切实练好基本功，才能烹制出质量稳定，色、香、味、形都符合要求的菜肴。所谓烹调基本功，就是在烹制菜肴的各个环节中必须掌握的技艺和方法。烹调基本功训练的主要内容有以下 8 项：

（1）投料准确、适时。

（2）挂糊上浆适度、均匀。

（3）正确识别油温。

（4）灵活掌握火候。

（5）勾芡恰当。

（6）翻锅自如。

（7）出锅及时。

（8）装盘熟练、灵活。

3. 锅工训练与要求

（1）临灶姿势。面向炉灶，两脚自然分立站稳，挺胸收腹，上身略前倾（不可弯腰弓背），注意力集中，时刻注视锅中菜肴的变化。临灶姿势如图 1–17 所示。

图 1–17　临灶姿势

（2）工具使用。左手执锅，右手执勺。操作时运用腕力，要灵活有力，不可握得太松或太紧。单柄锅使用时用左手握住锅柄，拇指放在锅柄上面，其余四指放在锅柄下面；双耳锅执锅时（先将一块搌布置左手掌上，防止操作时铁锅烫手），拇指放在锅耳上方，其余四指托住耳下方的锅边，用左手的虎口卡紧锅耳。执锅方法如图 1–18 所示。

a)

b)

图 1–18　执锅方法

a）单柄锅执锅方法　b）双耳锅执锅方法

（3）翻锅。翻锅是烹调操作中最基本、最重要的技术动作，难度较大，必须端正姿势，反复训练，才能把锅翻好。翻锅有小翻和大翻之分。

1）小翻，又称“颠”，即将锅连续向上颠动，目的是使锅中菜肴同时松动移位，受热均匀，卤汁均匀包裹原料，避免粘锅或烧焦。颠动时，一般不应使菜肴超出锅口。

2）大翻，即将锅内菜肴一次全部翻身。翻前先将锅内原料转动几次，以防原料粘牢锅底。翻时将锅略向身边收回，然后再向前送，同时就势将锅向上托起，使菜肴全部抛起，在锅口上方 180° 翻身，接着用锅将已翻过身的菜肴稳稳接住。“收、送、托、接”这四个动作必须一气呵成。翻锅分解动作如图 1-19 所示。

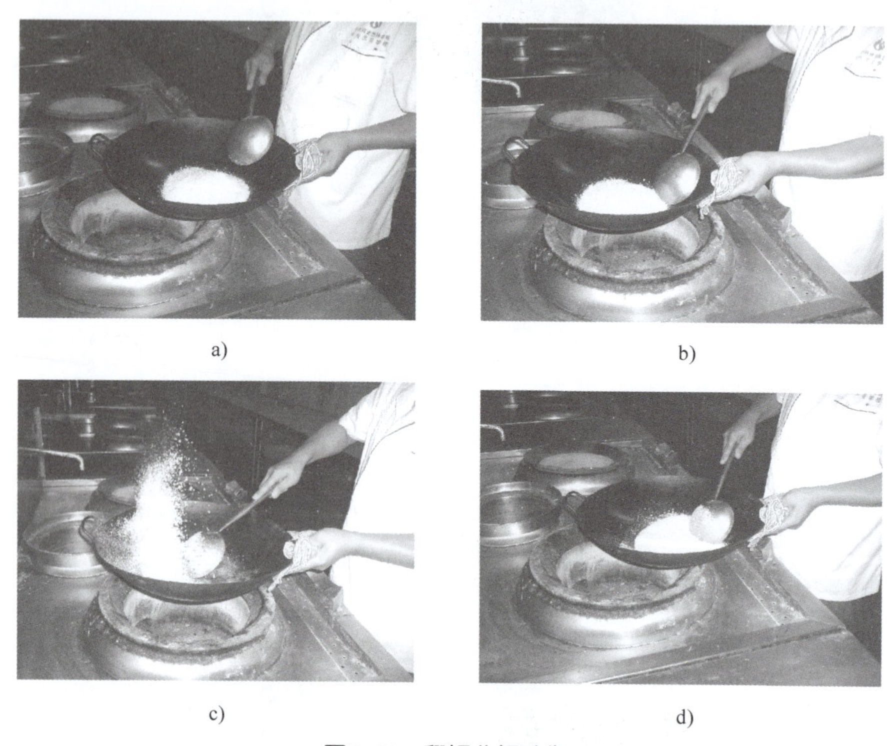

a） b） c） d）

图 1-19 翻锅分解动作

a）收 b）送 c）托 d）接

翻锅时用大臂掌握锅的前后移动幅度，小臂掌握锅的左右平衡，灵活运用腕力进行操作。翻锅也有几种不同的方式，按翻锅时锅的位置分，可分为火眼上翻与炉边翻两种；按翻锅的方向来分，可分为顺翻（原料由外向里翻）、倒翻（原料由里向外翻）、左翻（原料由右向左翻）和右翻（原料由左向右翻），其基本方法是一样的。顺翻是最常用的一种方法，翻锅时锅与手勺要密切配合。

思考与练习

1. 烹调的发明对人类有什么意义?
2. 烹饪新局面主要表现为哪些方面?
3. 伊尹的“五味调和论”的具体内容是什么?
4. 烹调的基本要素有哪些?
5. 烹和调的作用有哪些?
6. 烹调基本功训练的具体内容是什么?
7. 简述大翻锅的要领。

第二章
火　　候

学习目标

1. 了解烹调过程中热传递的基本原理与形式
2. 了解烹调原料在加热过程中的理化作用
3. 掌握烹调对火候的基本要求

我国烹饪历来重视火候的运用。早在两千多年前，《吕氏春秋·本味篇》就有这样的记载：“五味三材，九沸九变，火之为纪。时疾时徐，灭腥去臊除膻，必以其胜，无失其理。”宋朝大诗人苏东坡在总结烧肉经验时，曾写下这样的句子：“慢着火，少着水，火候足时它自美。”清朝袁枚在《随园食单》中也强调“熟物之法，最重火候”。纵观古今，都是“火之为纪”，故而火候的掌握是决定菜肴质量的关键所在。一方面，火候运用恰当对菜肴成熟度有重要影响，只有掌握好火候，才能使烹制的菜肴色泽艳丽、香气扑鼻、滋味鲜美、形态美观、质量上乘。反之，原料再好，刀工再细，火候不当也会前功尽弃。另一方面，火候是形成不同烹调方法和不同风味菜肴的重要条件，如火候掌握不当，就失去了烹调技法的特点和菜肴风味的特色。

第一节 烹调中热的传递

在日常生活中，我们经常遇到一些有关热量从一个物体传递到其他物体的现象。当冷热程度不同的物体放在一起时，温度高的物体放出热量，温度降低；而温度低的物体得到热量，温度升高。

热量不仅可以从一个物体传递到另一个物体，而且也能在同一个物体的不同部分之间进行传递。热量从一个物体传递到另一个物体，或者从同一物体的一部分传递到邻近部分的过程，叫作热传递。

一、热传递的三种方式

1. 对流

依靠液体或气体本身的流动而实现的热传递过程叫作对流。

当一个热源加热它周围的空气时，空气因为密度变小而上升，同时，周围的冷空气补充过来，造成连续不断的热空气向上流动，形成热气流。

对液体进行加热时，也可以看到这种现象。液体的较热部分密度较小，所以上升；而冷的液体密度较大，所以下降，来填补上升液体原来的位置。冷的液体受热以后又开始上升，同时上面温度较低的液体则又下降，热液体和冷液体的不断循环，能使整锅液体很快热起来。

2. 传导

热量由物体的一部分传递到另一部分，或者从一个物体传递到另一个物体，而同

时并没有物质的迁移，这种热的传递过程叫作传导，也称为热传导。

例如，将金属调羹放入热汤内，手很快会感到调羹把变热。这说明，放在热汤里的调羹从热汤里获得热量并且热量沿着调羹传递到调羹把。很明显，热传导的方式与对流并不相同。

3. 辐射

借助于不同波长的电磁波来传递热量的方式，称为辐射。太阳能灶就是借助于太阳光传递过来的热量烹调菜肴的。太阳能灶如图 2-1 所示。

图 2-1　太阳能灶

二、烹调中的热传递

1. 热从炉灶传递给铁锅

热从炉灶传递给铁锅有以下三种情况：

（1）在旺火情况下，火焰高而稳定，火焰的第二层（即温度最高的一层）与锅底直接接触，主要传热方式是传导，其次是通过辐射和对流将炉膛内很高的温度传给铁锅。

（2）在中小火情况下，传热方式是辐射和对流。

（3）在微火情况下，传热方式主要是辐射，其次是对流。

2. 铁锅将热传递给原料

在烹调操作中，铁锅受热后再把热传递给原料，一般都用水、油、蒸汽、盐和沙粒作为中间的传热物质，我们把这些传递热的物质称为传热介质。

（1）以水为介质传热。主要热传递方式是对流。当将锅中的水加热时，水从铁锅获得热量，温度升高。由于水受热后体积变大，密度变小，热水上升，冷水向下运动补充空缺，形成对流，使整锅水温度升高。通过对流的作用，把热量传递给原料，使原料不断升温至成熟。在标准大气压下，水的沸点是 100 ℃，不论火力怎样旺，水温超过 100 ℃水就会变成气体逸出。如果增加锅中压力，水的沸点可升高。

在烹调过程中，常加入盐及其他调味品，使其溶于水中形成水溶液，该水溶液的沸点稍高于纯水的沸点。

（2）以油为介质传热。主要热传递方式也是对流。油锅在开始加热时，油面波动较大；而到达发烟点时，油面反而是平静的。这是因为对流作用使油温上下接近。油所能吸收、保持的热量比水高得多，油从常温到闪点，其温差高达 200 ℃以上，可利用的温度范围比水大得多。因此，识别和掌握油温，也是烹调的一项基本专业技能。用油作为传热介质有以下特点：

1）使原料缩短加热时间，提高成熟速度。一些质地鲜嫩的原料表面水分快速蒸发，成品会形成外香酥、里鲜嫩的质感，十分可口。

2）用油导热还能最大限度地突出原料的本味，制作出香味浓郁的菜肴。原料中的水分外溢，浓缩了原料的本味，动物性原料因吸收一部分油脂，与其本身含有的酯、酚、醇等有机物质发生作用，加热后一起散发出来，因此香味浓郁。

3）能改善菜肴的色泽和形状，使菜肴表面光滑柔润，或洁白如玉，或色泽金黄。部分剞过花刀的原料经高油温处理后发生卷缩，形成美观的造型。

（3）以固体材料为介质传热。盐和沙粒传热能力更强，它们是以热传导的方式把热能传递给原料，具有蓄温较高（约 200 ℃以上）、导热稳定的特点，可使原料受热均匀，如"盐焗鸡""糖炒栗子"等。使用盐或沙粒为介质传热时，为了使原料受热均匀，必须不断翻拌。

（4）以蒸汽为介质传热。主要靠对流作用进行热的传递。蒸汽就是达到沸点而汽化的水，常压下，蒸汽的温度也只能达到 100 ℃。当盖紧蒸笼盖，加大火力，提高笼内气压时，笼内温度可上升到 102 ~ 105 ℃。蒸汽的热量和产生的气体量有关，同一密闭空间中，气体量越大热量越高，气体量越小热量越低。因此，同样的原料，用蒸汽传热比用水传热熟得快，而且原料是密闭在蒸笼或笼屉内，其水分、营养素、呈香物质等不易散失，故能保持菜肴原料的原汁原味。

（5）以空气为介质传热。主要是靠对流的方式传递热量。烘、烤的过程，一方面是辐射直接将热量散射到原料表面，另一方面是依靠空气的对流形成炉内的恒温环境，在辐射和对流传热的同时作用下使原料成熟。空气传热速度的快慢与其密度成正比。

3. 原料内部热的传递过程

热从铁锅及各种介质传递到原料的表面以后，继续传递到原料内部还有一个过程，这对原料的成熟度是否恰到好处，原料的营养成分是否得到最大限度的利用，制成的菜肴是否符合色、香、味、形等要求及食用卫生等起关键作用。在这一过程中，热从

原料表面传递到内部的温度，不但取决于炉火的大小和传热介质所能达到的温度高低，也取决于原料本身的质地（老或嫩，组织疏松或紧密）和形状（大或小，厚或薄）。一般烹调原料的传热能力都很差，大部分都是热的不良导体。根据试验，一块约 1.5 千克的牛肉放在沸水中煮 1.5 小时，牛肉内部温度只有 62 ℃；3 千克左右的火腿放在冷水锅中逐渐加热，当水沸腾时火腿内部的温度仅有 25 ℃左右；一条大黄鱼放在油锅内炸制，当油的温度达到 180 ℃、鱼表温度达 100 ℃时，鱼内部温度也只有 60 ~ 70 ℃。因此，在对食物原料加热时，必须掌握以下几项要求：

（1）如果采用旺火短时间加热的烹调方法，必须把原料尽量切得小些、薄些；如果原料又大又厚，则必须在原料上剞一些花刀，使热容易传入原料内部。

（2）如果是大块的鱼或肉，必须用小火进行长时间加热，直至鱼或肉的内部呈灰白色，无红色血迹为止，以保证充分杀菌消毒。

（3）烹调时，必须使原料各部分受热均匀。特别是运用炸、熘、爆、炒等用旺火短时间加热的烹调方法时，更应注意这一点，要不断翻锅或翻拌。

第二节 加热过程中的理化作用

烹调原料在加热过程中，会发生各种物理变化和化学变化。探讨这些变化，对恰当地掌握火候，最大限度地保持食物中的营养成分，烹制出色、香、味、形俱佳的菜肴，有一定帮助。

烹调原料在加热过程中，其变化往往随成分与烹调方法的不同而有所不同。一般情况下，加热可对原料产生以下几个方面的作用：

一、分散作用

分散作用包括吸水、膨胀、分裂和溶解等。例如，生的蔬菜和新鲜水果细胞中充满水分，细胞与细胞间有一种起连接作用的植物胶素，加热前一般外观形状都较坚挺饱满。加热时，植物胶素软化而与水混合成为胶液，同时细胞膜破裂，里面一部分包含物如矿物质、维生素等溶于水中，整个组织变软，所以，蔬菜、水果等加热后，锅中会出现汤汁。这些汤汁中含有很丰富的矿物质和维生素，不宜弃去。果品中所含胶质较多，在加热时加入少量的水，可以制成各种果酱或果冻。淀粉在常温下不溶于水，但在沸水中却能吸水膨胀，使淀粉粒分离形成糊状，失去其原有的性质。

二、水解作用

水解作用是指原料在水中加热时，原料中的分子通过热水的作用，分解成为小分

子，便于人体吸收利用。原料内很多成分会发生水解作用。例如，淀粉加热会水解为糊精，并进一步生成糖类（麦芽糖和葡萄糖），故成熟后黏性较大，略有甜味。蛋白质会水解成为各种氨基酸，故成熟后大多有鲜味。肉类结缔组织中的生物胶质会水解为有较大亲水力的动物胶，在加热时成为胶体溶液，冷却后即凝成冻胶。同时，结缔组织因其中的纤维分离，可使肉质成柔软状态，易于酥烂。

三、凝固作用

凝固作用是指原料中所含的水溶性蛋白质在加热过程中发生的凝结现象。例如，动物的血液和蛋品中的主要成分是水溶性蛋白质，加热时会很快凝固，而且加热时间越长，凝固得越坚硬，因此，这些原料加热时间不宜过长。溶液中如有电解质存在，蛋白质凝结会更加迅速。例如，豆浆在加入石膏或盐卤等电解质后，可凝结为豆腐。食盐也是一种电解质，故在煮豆或烹制豆制品、烧肉或制汤取汁等菜肴时，盐不可投放过早，若加盐过早，会使豆、肉等原料中的蛋白质过早凝结，不易吸水膨胀而酥烂；用来制汤的原料则因蛋白质凝结过早，其营养成分难以溶解于汤中，影响汤的浓度和口味。当然，盐对各种原料的影响是不同的，因此，放盐的时间应根据菜肴的具体情况而定。

四、酯化作用

酯化作用是指脂肪与水一起加热时，部分脂肪发生水解后生成脂肪酸和甘油，如加入酒、醋等物质便会与脂肪酸结合生成气味芳香的酯类，这种作用称为酯化作用。酯类比脂肪更容易挥发，并具有芳香气味。鱼、肉等原料在烹调时加料酒即有香味透出，就是这个道理。

五、氧化作用

原料中所含的多种维生素与空气接触时容易发生氧化破坏的现象，被称为氧化作用。原料在受热或与碱性溶液及铜、盐接触的情况下氧化更为迅速。氧化作用造成损失最大的就是维生素类，其中尤以维生素 C 的损失为甚。所以，在烹制蔬菜时加热时间不宜过长，不宜放碱或苏打，也不宜用铜锅、铜铲。

六、其他作用

原料在加热时除了上述几种主要变化外，还会发生其他变化。例如，淀粉和糖类在高温下可发生碳化现象而呈黄红色或焦黑色。又如新鲜的鸡蛋煮熟后，蛋黄的表面会有一层暗绿色物质生成，这是因为蛋清中含有硫元素，蛋黄中含有铁元素，硫与铁化合而生成了暗绿色的硫化铁。

第三节　掌握火候

一、火候和掌握火候的概念

1. 火候的概念

火候就是烹制菜肴时所用火力的大小和时间的长短。由于所烹制菜肴的原料质地有老、嫩、软、硬之分，形态有大、小、厚、薄之别，成品要求有脆、嫩、酥、烂之异，因而必须运用不同的火力，掌握不同的加热时间，才能烹制出色、香、味、形俱佳的菜肴。

2. 掌握火候的概念

掌握火候就是按照一定的烹调要求，运用一定的火力，针对一定的烹调原料，进行一定时间的加热。由于食物原料种类繁多，形状各异，加热方法又多种多样，加热后应达到的要求随菜肴的品种不同也千变万化，故而火候的恰当掌握是一项复杂的技术。前人总结了一些规律，需要我们去认识、理解、实践并掌握。

二、鉴别火力

鉴别火力是掌握火候的前提。所谓火力，是指燃料燃烧时的烈度。燃料处在剧烈燃烧状态中，火力就大；反之，火力就小。火力的大小强弱，很难划定等级界限。这里只能从我国烹饪的惯例出发，依据火焰的高低、火光的明暗和辐射热的强弱等状况，对火力的大小强弱进行粗略的分类，以便理解和掌握，见表 2-1。

表 2-1　　火力的鉴别

火力名称	火焰情况	热度感受	用途	图示
旺火	火焰高而稳定	光度明亮，热气逼人	用于快速加热的烹调方法	
中火	火焰低而摇动	光度较暗，辐射热较强	用于中速加热的烹调方法	
小火	火焰细小，时有起落	光度暗淡，辐射热较弱	用于缓慢加热的烹调方法	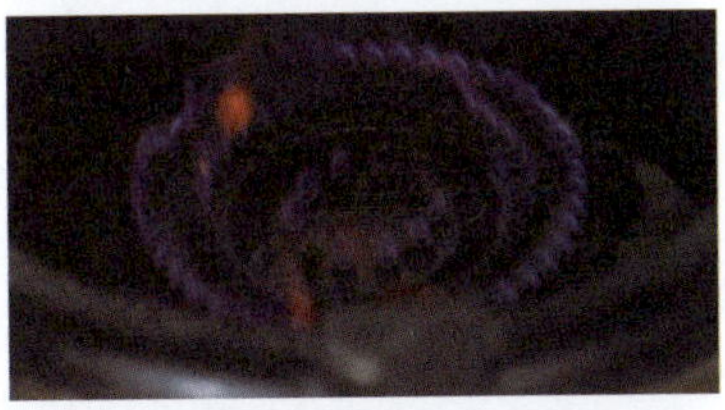
微火	看不到火焰	供热微弱	除用于特殊烹调方法外，仅供保温之用	

三、掌握火候的一般要求

由于在菜肴烹调过程中可变因素多而且变化复杂，所以很难提出掌握火候一成不变的方法，只能根据原料性状、制品要求、投料数量、传热介质、烹调方法等因素，提出掌握火候的一般要求，见表 2-2。

表 2-2　　掌握火候的一般要求

可变因素		火力	加热时间
原料性状	质老或形大	小	长
	质嫩或形小	旺	短

续表

可变因素		火力	加热时间
制品要求	脆嫩	旺	短
	酥烂	小	长
	制汤取汁	旺（白汤）、小（清汤）	长
投料数量	量多	旺（中、小）	长
	量少	中、小（旺）	短
传热介质	以油为介质	旺（中、小）	短（长）
	以水为介质	中、小（旺）	长（短）
	以蒸汽为介质	旺→中	长
烹调方法	炒、爆	旺	短
	炸	旺	较短
	扒、烧、蒸	旺→中→旺	长
	焖、炖	旺→小→旺	长

思考与练习

1. 热传递的方法有哪几种？

2. 加热过程会使原料产生哪些理化作用？哪些有益？哪些应当避免？

3. 怎样理解火候？如何掌握火候？

4. 火力是怎样鉴别的？

5. 掌握火候的一般要求有哪些？

第三章
烹调原料的预熟处理

学习目标

1. 掌握烹调原料焯水、过油、汽蒸、走红的预熟处理方法
2. 掌握不同原料的预熟处理对于油温的不同要求

烹调原料经过选择、初步加工、分档处理后，往往需要进行预熟处理，为正式烹调做准备。预熟处理就是在正式烹调之前，根据烹制菜肴的目的和要求，把经过初步加工的原料在油、水或蒸汽中进行预先加热，使其成为半熟或刚熟状态，以备正式烹调之用。

预熟处理是正式烹调前的基础工作，与菜肴的质量密切相关。因此，在预熟处理时应做到依据原料的情况掌握好加热时间；根据制作菜肴和切配成型的要求，掌握好原料的成熟度；根据原料的特殊性质分别进行处理。

第一节　焯水

焯水，又称“水锅”“飞水”，就是以水为传热介质，把经过初步加工的原料放在水锅中加热至半熟或刚熟的状态，随即取出以备进一步切配成型或烹调菜肴之用。

需要焯水的原料比较广泛，大部分蔬菜及一些含有血污或有腥、膻气味的动物性原料，烹调前都需进行焯水。

一、焯水的作用

1. 可以防止蔬菜变色，使蔬菜色泽鲜艳

绝大多数新鲜蔬菜都含有丰富的叶绿素。新鲜蔬菜被加热时，其叶绿素中的镁离子与蔬菜中的草酸易形成脱镁叶绿素，使蔬菜颜色变暗。保持叶绿素原有新鲜程度的方法就是除去蔬菜中的草酸。在正式烹调前利用焯水除去草酸，便可防止产生脱镁叶绿素，达到保持原料颜色的目的。

新鲜蔬菜的表面浮着一层或厚或薄的蜡膜，这是植物防御病害的自我保护功能，但这些蜡膜在一定程度上阻碍了人们对蔬菜颜色的感受。焯水可融化蜡膜，提高人们对蔬菜颜色的感受。因此，焯水不但能防止蔬菜变色，还能提高蔬菜的鲜艳程度。

2. 可以除异排污，使原料口味纯正，促进人体对营养成分的吸收

异味是指原料中固有的苦味、涩味、辛辣味、腥味、膻味、臊味、臭味等。这些异味在一些蔬菜及动物的脏器中广泛存在，但都易溶于水。如蔬菜中草酸的涩味、菜籽油的苦辣味、羊肉的膻味、大肠的臭味等，均可在焯水的过程中被分解清除。同时，

焯水还可促使动物原料中的血污排出。有些植物原料，如菠菜、茭白、玉兰片等，含有过多的草酸，草酸与其他原料中的钙质结合生成草酸钙，草酸钙具有沉淀特性，影响人们对钙的吸收，而焯水可有效地去除原料中的草酸，提高人体对营养成分的吸收。

3. 可以调整不同性质原料的加热时间，使其在正式烹调时成熟时间一致

由于原料的性质不同，其成熟时间差异也很大。而在烹调时往往要把这些性质不同、成熟时间不同的原料配在一起组成菜肴，这势必造成一部分原料成熟度恰到好处时，而另外的原料却不是半生，就是熟过了头，从而失去了美感。焯水就是要将那些不易成熟的原料进行预熟处理，然后和易熟原料共同烹制，这样它们就能同时成熟了。

4. 可以缩短正式烹调的时间，满足烹调过程方便快捷的需要

经过焯水的原料已经成为半熟或刚熟状态，因而正式烹调时就可大大缩短加热时间，这也是为了适应快节奏工作的需要。

5. 可以使某些原料便于去皮或切配加工

芋艿、马铃薯、山药、番茄等生料去皮比较困难，通过焯水，去皮就很容易了。又如肉类、笋等熟料比生料更便于切配加工。

二、焯水的方法

焯水分为冷水锅焯水和沸水锅焯水两种方法。

1. 冷水锅焯水

（1）方法：原料同冷水一起下锅加热。

（2）适用范围：适用于含有涩、苦、辛辣味或体积较大的蔬菜类原料，如白萝卜、慈姑、马铃薯等。只有在冷水中逐渐加热，它们的涩、苦、辛辣味才能被慢慢分解清除，并且较大块形的原料也不易发生外烂里生的现象。同时还适用于膻、腥、臊、臭等气味重、血污多的肉类原料，如羊肉、大肠、肚子等。这些原料若沸水下锅，则表层的蛋白质会因骤受高温而收缩，阻塞了异味污物排出的通道，原料内部所含的异味和血污就不易排出，影响菜品的滋味和质量，因此必须冷水下锅。

（3）操作要领：在焯水过程中必须经常翻动原料，使其各部分受热均匀；水沸后应根据原料成熟情况或进一步切配和烹调要求，有先有后地分别取出。

2. 沸水锅焯水

（1）方法：先将锅中的水加热至沸，再将原料下入，脱生后迅速取出，用冷水冲凉备用。

（2）适用范围：适用于体积较小，需要保持色泽鲜艳、口味脆嫩的新鲜蔬菜，如菠菜、芹菜、茭白等。这些原料含水量多、叶绿素丰富，一般要先经刀工处理，由于其体积小，易于成熟，如果冷水下锅，则会因加热时间长而导致水分和各种营养物质流失过大，失去其鲜艳的色泽和脆嫩的口感，因此必须在水沸后下料，并用旺火加热。沸水锅焯水也适用于体积小、腥膻异味轻、血污少的肉类原料，如鸡、鸭等。用沸水稍微加热至转色，使其脱生，即可达到口感鲜嫩的目的。

（3）操作要领：原料在沸水中略滚即应取出；焯水时水量要宽，火力要旺，应严格控制加热时间；原料取出后要立即投入冷水中冲凉，直至完全冷却为止；鸡、鸭、蹄髈等焯水后的水不可弃去，可结合制汤使用。

三、焯水的要求

1. 根据原料的不同性质，掌握焯水时间

原料有大小、老嫩、厚薄、软硬之别，在焯水时必须分别对待。大的、老的焯水时间应长一些，小的、嫩的焯水时间应短一些，使之符合正式烹调的需要。

2. 有特殊气味的原料应与一般原料分别焯水

有些原料具有某种特殊气味，如芹菜、萝卜、羊肉、大肠等，这些原料如果与无特殊气味的其他原料用同一锅水焯，通过扩散和渗透作用，其他原料也会沾染上特殊的气味，严重影响它们的正常口味，因此，必须分开焯水。

3. 深色的原料与浅色的原料应分别焯水

深、浅色原料尽量不要一起焯水，以免浅色的原料沾染上深的颜色，影响美观。

4. 充分利用焯水对原料的有利影响，降低不利影响

焯水是饮食业中最常用的一种预熟处理方法。原料在水中加热时，会发生种种化学变化，有些变化是我们需要利用的。例如，萝卜中含有很多黑芥子酸钾和淀粉，这种黑芥子酸钾能分解成一种无色、透明、有辛辣味的芥子油，故生萝卜有辛辣味。由于芥子油受热很容易挥发，故萝卜焯水后，其辛辣味也就除去了，而萝卜中的淀粉则因受热水解形成葡萄糖，增加了一些甜味。另外，焯水也有不少我们不需要的变化。原料在水锅中焯水时，很多不稳定的可溶性营养成分会从原料中溢出，造成一定的损失。如鸡、鸭等肉的很多蛋白质与脂肪会散失到水中，当然因为水还可以利用，从整体看损失还不大。焯水对蔬菜来说影响比较大。因为新鲜的蔬菜含有多种维生素，特别是含有大量的维生素C，而维生素C受热容易氧化分解，又很容易溶解于水，所以，蔬菜焯水会造成维生素C的较大损失，特别是有些蔬菜在焯水后还要放在冷水中浸泡，营养成分损失就更多。

第二节　过油

过油就是以食用油脂为传热介质，将已加工成型的原料放在油锅中加热至半熟或刚熟状态，以备进一步烹调的预熟方法。

一、过油的作用

1. 使过油后的原料具有滑嫩或酥脆的质感

原料在加热前裹拌上不同的糊浆，过油时采用不同的油温加热，便可制成不同质感的半成品。

2. 保持或增加原料的色泽

例如，在烹制“油炸脆皮鱼”时，鱼挂上湿淀粉糊后入油锅炸制成坯，其色泽为金黄色。不同的油温有不同的呈色效果。

3. 丰富菜肴的风味

在过油过程中，由于油脂富含香味，在不同油温的作用下，可去除原料的异味，增添香味。

4. 改变或确定原料的形态

过油时，原料中的蛋白质类物质在高温状态下会迅速凝固，使原料的原有形态或预先刀工处理后的形态确定下来，在继续加热和正式烹调中不再改变。

二、油温的识别

油温是指锅中的油经加热所达到的温度。传统的油温鉴别不用仪器仪表，只凭实践经验和感官。油温的识别见表 3–1。

表 3–1　油温的识别

名称	俗称	温度 /℃	一般油面情况	原料下油的反应
温油锅	三四成热	90 ~ 130	无青烟，无响声，油面较平静	原料周围出现少量气泡
热油锅	五六成热	130 ~ 170	微有青烟，油从四周向中间翻动	原料周围出现大量气泡，无油爆声
旺油锅	七八成热	170 ~ 230	有青烟，油面平静，用手勺搅动时有响声	原料周围出现大量气泡，并带有轻微的油爆声

三、常用油脂的发烟点

发烟点，是指油脂因剧烈加热而分解生成分子量较小的容易挥发的物质，形成油烟时的温度。为了帮助对油温的识别和理解，在此给出几种常用食用油脂的发烟点，见表 3–2。

表 3–2　几种常用食用油脂的发烟点

油脂种类	发烟点 /℃	油脂种类	发烟点 /℃
大豆油	195 ~ 240	玉米油	222 ~ 232
橄榄油	167 ~ 175	棉籽油	216 ~ 219
菜籽油	186 ~ 227	奶油	208
芝麻油	172 ~ 184	猪油	190

需要说明的是，因油脂炼制的精度不同，其发烟点的温度与精制程度成正相关关系，精制度越高，发烟点也就越高。

油脂的碘价（不饱和脂肪酸含量的标志）和过氧化物是油脂发烟的主要原因。如果加热时间过长，油脂的分解加剧，过氧化物的含量增加，发烟点大大下降，从而导致油脂的质量下降，甚至不能食用。加热时间对精制豆油发烟点的影响见表 3–3。

表 3–3　　加热时间对精制豆油发烟点的影响

加热时间	发烟点 /℃
5 分钟	240
30 分钟	235
60 分钟	220
5 小时	200
10 小时	180
15 小时	160

四、掌握油温的依据

1. 根据火力大小掌握油温

（1）用旺火加热，原料下锅时油温应低一些。因为旺火会使油温迅速升高，如果原料在火力旺、油温高时下锅，极易粘连划不开，出现外焦内不熟的现象。

（2）用中火加热，原料下锅时油温应高一些。因为用中火加热，油温上升较慢，如果原料在火力不太旺、油温低时下锅，则油温会迅速下降，势必会造成脱浆、脱糊。

（3）在过油过程中，如果火力太旺、油温上升太快，应立即端锅离火或部分离火，或在不离火的情况下加入冷油，使油温降至适宜的温度。

2. 根据投料数量掌握油温

（1）投料数量多，原料下锅时油温应高些。在原料数量多的情况下，投料后油温必然迅速下降，而且降幅较大，回升较慢，故应在油温稍高时下锅。

（2）投料数量少，原料下锅时油温应低些。原料数量少，油温下降的幅度较小，而且回升较快，所以应在油温稍低时下锅。

3. 根据原料质地和规格掌握油温

（1）对于脆嫩和形小的原料，下锅时油温应低些。

（2）对于粗、老、韧、硬、整只或大块的原料，下锅时油温应高些。

五、过油的方法

按照油温的高低、油量的多少和过油后原料质感的不同，过油分为滑油和走油两种方法。

1. 滑油

（1）概念：滑油又称“划油”“拉油”，是用中等油量温油锅将原料在油中搅散，使之定型并成熟的方法。

（2）使用范围：原料多为动物性净料，如鸡、鸭、鱼、虾、牛、羊、猪等肉类。这些原料都要去骨、去壳、去皮；原料形状较小，一般都加工成丁、丝、片、条、粒等。滑油的原料一般都要上浆，使原料不直接同油接触，水分不易外溢而保持柔软滑嫩。滑油主要用于爆、滑炒、滑熘等烹调方法。

（3）操作要领：油锅要洗净，油要炼熟，否则会影响菜肴的色泽和口味。原料应分散下锅，这是因为上浆后其表面会带有一层黏性物质，如果将许多原料一起倒入油锅，容易发生粘连；要在恰当的时机将原料轻轻搅散。滑油的油量应适中，一般为原料的 3 ~ 4 倍；油温应掌握在五成热以下，油温过高或过低都会影响原料滑嫩和润滑的效果。

2. 走油

（1）概念：走油又称“炸”，是用大油量热油锅将原料在油中加热使之定型至成熟的方法。

（2）使用范围：适用的原料范围广泛，如鸡、鸭、鱼、猪、牛、羊、豆制品和蔬菜等动植物原料。原料多加工成大块或整只（尾）；适用于挂糊、不挂糊或走红加工；多用于炸、烧、煎、熘、锅烧等烹调方法。

（3）操作要领：走油时油量要宽，油温应掌握在五成热以上。原料需要外焦里嫩的，过油时应复炸（又称“重油”）。带皮的原料下锅时，应当肉皮朝下，如果肉皮朝上，会因肉皮组织紧密、韧性较强而不容易炸透；肉皮朝下时，受热较多，炸后容易达到松酥泛泡的要求。走油时要注意安全，防止烫伤。原料放入油锅后，因其表面水分骤受高温，会引起热油飞溅，容易造成烫伤事故，因此必须设法预防。预防方法有三条：一是整鸡、整鸭走油时一定要刺破其眼睛，否则易引起油爆现象；二是下锅前将原料表面的水分揩干；三是可用锅盖当“盾牌”挡住油锅，待油爆声小时再翻动原料。

第三节　汽蒸

汽蒸又称“蒸锅”，是以蒸汽为传热介质。汽蒸是先将锅中的水加热至沸，再将加工整理的原料入蒸笼置于锅上，用蒸汽流将原料加热至半熟或刚熟状态的预熟方法。

一、汽蒸的作用

1. 加快原料成熟速度

利用蒸汽对原料进行预熟处理时，原料密闭在蒸笼里成熟的速度比水预熟快得多。这主要是因为蒸汽的温度能保持在 100 ℃以上，在增加气压的情况下温度还会有所上升。

2. 保持原料的形态

原料在汽蒸的过程中，完全靠蒸汽的对流作用使其成熟。蒸笼内的湿度处于饱和状态，所以原料内部的水分不易外溢，不会因失水造成干瘪现象。

3. 有效地保持原料的营养

汽蒸属于低温加热，营养素遭到破坏的可能性较小，同时蒸笼相对密闭，且笼内湿度又大，菜肴汤汁增减不大，能保持原料的原汁原味。

二、汽蒸的方法

根据原料的性质和蒸制后质感的不同要求，汽蒸可分为旺火沸水长时间蒸制和中小火沸水徐缓蒸制两种方法。

1. 旺火沸水长时间蒸制

（1）方法：用旺火加热，使水急剧沸腾产生足量气体，对原料长时间加热。

（2）适用范围：主要适用于体积较大、韧性较强、不易熟烂的原料。例如用于干贝、鱼骨、莲子等干料涨发；还可用于锅烧、酥炸等烹调方法的半成品菜肴的制作。在元代《居家必用事类全集》庚部，记有“锅烧肉”一菜，原文如下：“猪羊鹅鸭等，先用盐、酱、料物腌一二时。将锅洗净烧热，用香油遍浇，用柴棒架起肉，盘合纸封，慢火熟”。这是很典型的“锅烧”。经过数百年的变迁，目前河南、山东等地保留的此类菜肴制法已大不同。以“锅烧肘子”为例，肘子放入水锅内，旺火煮透，取出洗净晾凉，切成大片，皮面朝下摆入碗内；再加入酱油、料酒、葱段姜片，腌渍后，放屉中蒸 1 小时左右，此属旺火沸水长时间汽蒸的典型加工方法。后经挂糊炸制呈金黄色，成菜外焦内嫩，肉香可口，肥而不腻。

（3）操作要领：要求火力大、水量宽、蒸汽足，保证半成品的质量。蒸制时间的长短，应视原料质地的老嫩、软硬程度、形状大小及菜肴需要的成熟程度而定。

2. 中小火沸水徐缓蒸制

（1）方法：先用旺火将蒸锅里的水加热至沸，待蒸汽充满蒸笼后，改用中小火继续加热，使原料在低冲力蒸汽中进行长时间加热。

（2）适用范围：主要适用于新鲜度高、细嫩易熟、不耐高温的原料，如“竹荪肝膏汤”“芙蓉嫩蛋”“菊花苹果”“五彩凤衣”“葵花鸡”等菜肴的预熟处理，以及老蛋糕、鸡糕、肉糕、虾糕、芙蓉等半成品原料的制作。例如蒸蛋羹（见图 3–1），用小火蒸制易形成细腻、滑嫩的口感，如果火力太大易形成蜂窝状，既影响形态又破坏口感。

图 3–1 蒸蛋羹

（3）操作要领：要求水量足、火力适当、蒸汽冲力不大，保证蒸制的半成品原料的质量。如果火力过大，蒸汽的冲力过猛，就会导致原料起蜂窝眼、质老、变色、味败，有图案的工艺菜还会因此而冲乱形态。若发现蒸汽过足，可减小火力或把笼盖露出缝隙放汽，以降低笼内温度和气压。另外，蒸制时还要掌握好时间，使半成品符合菜肴质感及细嫩柔滑的要求。

三、汽蒸的注意事项

1. 掌握好火力和时间

应根据原料质地的老嫩、体积的大小、容量的多少及烹调菜肴的要求，掌握好汽蒸时的火力和时间，达到汽蒸的效果。

2. 多种原料同时蒸制时，要防止串味，注意笼中的水量

由于原料所表现出的色、香、味的要求不同，汽蒸时要合理放置。有腥膻味、有盐汁、不易成熟的原料应放在下面；无色、无汁、少味、易熟的原料应放在上面，以免串味，便于抽笼。还要注意观察蒸锅中的水量，防止干锅。

3. 要与其他预熟处理方法互相配合

一些原料在进行汽蒸前，还需要进行其他方式的预熟处理，如焯水、过油、走红等。各预熟处理方式均应遵循其预熟处理要求，相互密切配合，以保证每道预熟处理程序恰到好处，保证菜肴质量。

第四节　走红

走红又称“红锅”“着色”等，是将原料投入各种有色调味汁中，或在原料表面事先涂抹上一层经高油温炸制后能形成红色的物质，使原料上色，以增加其色泽的一种加工方法。

一、走红的作用

1. 使原料着色，色彩丰富

各种家禽、猪肉、蛋品通过走红，在其原料表面均能附着上浅黄、金黄、橙红、枣红等颜色，使之色泽鲜艳，符合菜肴色泽的需要。

2. 增加香味，除去异味

在走红过程中，原料不是放在调味卤汁中加热就是放在油锅中炸制，在调料和油的作用下，能除去原料的异味，增加香味。

3. 使原料定形

经过走红加热，一些大块原料的形状基本确定，一些走红后还要进一步切配的原料，也确定了其大致的规格形状。

二、走红的方法

1. 卤汁走红

（1）概念：也称“以水为介质的走红”，是把经过焯水或走油的原料放入锅中，

加入糖色（或酱油）、香料、黄酒、糖和水等，用大火烧沸，即转用小火，加热至原料色泽红润。

（2）适用范围：卤汁走红一般适用于鸡、鸭、猪肉等大块原料的上色，用于制作烧、蒸类菜肴。如鲁菜中的“九转大肠”、豫菜中的“四喜肉”“红烧肉”等均用此法着色。

（3）操作要领：卤汁走红时应按菜肴的需要掌握好有色调味品的用量和卤汁颜色的深浅；注意掌握好火候，先用旺火烧沸卤汁后，再改用小火加热，使味和色缓慢地渗入原料；原料入锅时要皮朝下，肉朝上，最好在原料下面垫一个竹箅，以防止原料粘锅而造成煳锅现象。

2. 过油走红

（1）概念：又称“以油为介质的走红”，就是在经过焯水原料的表面涂抹上一层有色或经加热处理后产生颜色的调料，经过油炸而上色。

（2）适用范围：过油走红一般适用于鸡、鸭、蹄髈、蛋品等整只或大块原料的上色，用以制作炸、蒸、卤类菜肴，如豫菜中的“料子鸡”“虎皮鸽蛋”“方肉”，鲁菜中的“德州扒鸡”。

（3）操作要领：用于着色的原料多用饴糖浆、蜂蜜、糖色，也有用酒酿汁、酱油、甜面酱的，但效果没有前三种好。涂抹色料前应先将原料焯水，取出后立即用洁布将原料表皮上的水油擦干，色料才容易抹均匀并粘牢；原料下锅时油温要掌握在七成热以上，以便顺利进行焦糖化反应而呈现红润色泽。鸡、鸭、鹅在走红前应整理好形状，走红过程中应保持原料的形态完整。走红时因油的温度较高，要防止热油飞溅，避免烫伤事故。

三、走红的原则

1. 根据菜肴的成品要求决定原料走红的颜色

因不同菜肴有各自的风味特点和成品要求，走红时要根据菜肴的特点确定卤汁内的糖色或调味料颜色的深浅和用量。对原料表面涂抹饴糖等调味料时，要判断炸制后颜色的深浅程度，控制好涂抹的薄厚。

2. 控制好原料在走红加热时的成熟度

走红上色是一个原料受热熟化的预处理过程，而不是正式的烹调阶段，更不是烹制过程的终结。因此，在保证达到走红目的的前提下，迅速转入烹调，避免因走红过久而过分熟化，影响菜品品质。

3. 走红过程应保持原料的形态完整

原料在走红过程中基本决定了成熟后的形态，因此在走红前，要将整只或大块的原料整理好形态，并在走红中保持其形态的完整。

思考与练习

1. 什么是预熟处理?
2. 焯水有哪几种方法?适用范围有哪些?
3. 过油有哪几种方法?使用范围有哪些?
4. 如何鉴别油温?
5. 掌握油温的依据有哪些?
6. 汽蒸的方法有哪些?其操作要领有哪些?
7. 什么是走红?其方法有哪些?操作要领有哪些?

第四章
制 汤

学习目标

1. 了解制汤的作用、种类及原理
2. 掌握制汤的方法及操作关键

汤，在一定意义上讲，是烹调菜肴必不可少的调味品。在饮食业有这样一句话：唱戏的腔，厨师的汤。可见汤的重要性。各类菜系，无不以高汤提味。

制汤，又称吊汤，是用一些富含鲜味成分的动物性或植物性原料，经水煮提取鲜汤的过程，在烹调中主要起增鲜提味的作用。

第一节 制汤的作用、种类及原理

一、制汤的作用

1. 增加菜肴的鲜味，促进菜肴美味的形成

鲜汤中含有大量的营养物质和呈鲜物质，将鲜汤加入菜肴时，就会增加菜肴的鲜味，同时，又同原料中的营养物质和呈味物质进一步融合成美味佳肴。例如“清汤燕窝”，梁章钜的《浪迹三谈》卷五记载，今京师好厨子包办酒席，惟格外取好燕窝一两，重用鸡汤、火腿汤、蘑菇汤三种瀹之，不必再搀他作料，自然名贵无比。袁枚老先生对燕窝更有独到的看法：燕窝贵物，原不轻用。如用之，每碗必须二两，先用天泉滚水泡之，将银针挑去黑丝。用嫩鸡汤、好火腿汤、新蘑菇汤三样汤滚之，看燕窝变成玉色为度。此物至清，不可以油腻杂之；此物至文，不可以武物串之。足见汤在提鲜增香方面举足轻重。

2. 丰富菜肴的营养，提高菜肴的营养价值

俗话说，营养都在汤里。看上去不起眼的汤里其实蕴藏着丰富的营养物质。各种食物的营养成分在炖制过程中充分渗出后，汤便含有蛋白质、维生素、钙、磷、铁、锌等多种人体必需的营养元素。同样是鸡，爆炒与熬汤的养生功效大相径庭。有些人只喜欢吃菜不喝菜汤。事实上，菜汤的营养价值比菜高，因为蔬菜经过烹煮后，维生素等营养物质已经有 70% 溶解在菜汤里了。慈禧太后是中国历史上有名的美食家，据传有 8 名御厨为她做汤，她最喜欢喝的“鸡茸鸭舌汤”，用料有鸡、鸭舌、火腿丝、鲍鱼、干贝等。德龄公主在《瀛台泣血记》中曾写道“这位老佛爷一生似乎与鸭舌汤结

下了不解之缘”。又如河南传统名菜扒广肚，作为高档宴席广肚席的头菜，用上好的奶汤小武火扒制而成，吸饱汤汁后的菜品柔嫩软脆，醇厚浓美，光润鲜香，因汤汁白亮又名白扒广肚。

3. 促进食欲，便于消化和吸收

喝汤是世界各地老百姓的共同爱好，各个国家都有独特的“名汤”，比如日本的海带酱汤、俄罗斯的罗宋汤、中国的鸡汤。鲜美的汤汁能刺激人们的味蕾，促进人们的食欲。汤水是消化食物不可缺少的，宴席中素有开口汤、过口汤、收口汤的传统习惯，其作用就是便于食物被人体消化和吸收。

二、汤的种类

汤的种类很多，各地方菜对汤的分类大同小异。

1. 按制汤所用的原料不同分类

有荤汤和素汤两类。荤汤即动物性原料制的汤，如“奶汤”“鸡汤”“三合汤”等；素汤即植物性原料制的汤，如“黄豆芽汤”“香菇汤”等。

2. 按汤汁的质量不同分类

有普通汤和高级汤两类。普通汤又称一般汤、毛汤、二汤；高级汤又称高汤、上汤、顶汤。

3. 按汤汁的色泽不同分类

有白汤和清汤两类。白汤又叫奶汤，一般分为普通白汤和高级白汤；清汤一般分为普通清汤和高级清汤。

三、制汤的原理

制汤是利用原料在水中加热所发生的一系列物理变化和化学变化，产生大量的风味物质，使汤的味道鲜美，原料中含有的胶原蛋白受热后形成凝胶，使汤具有胶体溶液的性质，乳化作用使汤鲜而不腻，水的溶解性使大量可溶性物质溶于汤中。

1. 制浓白汤的原理

（1）水解作用使大量营养物质和鲜味物质溶解于汤中。原料在水中长时间加热，在水解作用下，使原料中的营养物质和鲜味物质大量溶于水中，如蛋白质中的多种氨基酸，脂肪中的多种脂肪酸和甘油，核酸中的肌苷酸、鸟苷酸、黄苷酸等，糖类物质中的糖原，有机酸中的琥珀酸、乳酸、柠檬酸等，这些物质都能给汤汁增添一定的风味。汤汁的主要风味是鲜味，以上物质是目前发现的汤汁中的呈鲜物质。

（2）乳化作用能使汤汁乳白、黏稠。水和油不相溶，但在乳化剂的作用下，能形成均匀的乳浊液，制汤时的乳化剂主要是胶原蛋白和磷脂，在旺火加热的作用下，使水和油形成了均匀的水包油的乳浊液，这种水包油型结构，在光的折射下，色泽乳白。另外，胶原蛋白溶解于水中，形成溶胶，使汤汁黏稠、味厚。

（3）葱、姜和料酒的加入使汤汁更加鲜美。制汤时，一般要放葱、姜和料酒。葱、姜和料酒的主要作用是去腥增香，加入汤汁中，会使汤汁的味道更加鲜美。

2. 制清汤的原理

（1）水解作用使大量的营养物质和鲜味物质溶解于汤中，同制浓白汤的原理一样。

（2）避免发生乳化作用，使汤汁清澈、汤味浓厚。制白汤必须发生乳化作用，而制清汤则应避免发生乳化作用，这是因为清汤要求汤汁清澈见底，故制清汤时选料要油脂少，加热时火力要小，这样才能使水分子的撞击小，汤面平静，避免了乳化作用的发生。

（3）利用水溶性蛋白质的凝固作用吊汤，清理汤中的杂质。普通清汤制好以后，汤中仍有杂质，汤色不纯、不清。要制高级清汤则需吊制。吊汤利用了水溶性蛋白质加热凝固的原理，在凝固过程中吸附汤中的杂质，达到汤汁变清的目的。

第二节　制汤的方法与操作关键

各地方菜在制汤时选用的原料不尽相同，但制汤的方法大同小异，一般都分为荤汤和素汤两大类。

一、荤汤的制作方法

1. 高级白汤

高级白汤又叫浓白汤、奶汤，因制好的汤汁色泽乳白，像牛奶一样，故称奶汤。高级白汤的特点是汤色乳白，质浓味鲜，多用于烹制高档白汁菜，如“奶汤扒广肚”等。

用料：猪腿骨 2 千克，猪肘子 3 千克，猪蹄 2 千克，鸡架 1 千克，整鸡两只（2 千克），葱、姜各 200 克，料酒 50 克，清水 30 千克。

高级白汤的制法如下：

（1）将用于制汤的原料洗净，猪腿骨用刀背砸裂开，葱、姜用刀拍松（或葱切段、姜切片）。

（2）锅内加入清水，先放入猪腿骨、鸡架，然后放入猪肘子、猪蹄、整鸡、葱、姜和料酒，用大火加热。汤快沸时，用漏勺撇去浮沫，再用大火或中火加热，保持汤体沸腾，煮 2 ~ 3 小时，待汤色乳白即可，过滤后即为高级白汤。一般可制高级白汤 20 千克。

2. 一般白汤

一般白汤又称毛汤、二汤，汤色浅白，鲜味较浓，主要用于中、低档菜肴的烹制，如“烧青果鸡”“酸辣肚丝汤”等。

一般白汤的制法有以下两种：

（1）选用猪骨、鸡架、碎肉及髈尖等为原料，洗净后放入锅内，加入清水、葱、姜、料酒，用大火加热，汤快沸时，用漏勺撇去浮沫，再用大火或中火煮2～3小时，待汤呈浅白色即可。

（2）利用制高级白汤所剩原料，再加入一些碎肉、鸡骨、葱、姜、料酒，加清水再煮2～3小时，待汤呈浅白色即可。故这种汤又叫“二汤”。

3. 一般清汤

一般清汤用于烹制中、高档菜肴，其特点是汤汁澄清，口味鲜醇，用料以鸡为主。

用料：老母鸡4千克，猪瘦肉1千克，清水15千克，葱、姜各200克，料酒50克。

制法：将老母鸡和猪瘦肉初加工，清洗干净，放入锅中，加入清水、葱、姜和料酒，用大火加热，汤快沸时，撇净浮沫，立即改用小火加热，保持汤体似开非开、似沸非沸状态，小火煮3小时，使原料中的营养物质和鲜味物质充分溶解于汤中，经过滤即为一般清汤。

4. 高级清汤

高级清汤又称顶汤、上汤、高汤，汤汁澄清，呈淡茶色，滋味鲜醇。高级清汤是以一般清汤为基汁进一步吊制而成。

用料：制作高级清汤需用臊子（肉末或肉丁俗称臊子）来吊制，臊子有白臊子和红臊子两种，白臊子多用鸡脯肉剁成茸加清水（或鸡蛋清）制成，红臊子多用鸡腿肉（或猪里脊肉）剁成茸加清水制成，也可用血水。

制法：将制作好的一般清汤过滤后放凉，加入用清水澥好的臊子，用勺轻轻推散，然后用小火慢慢加热，随着温度不断升高，臊子开始吸附汤中的杂质，并逐渐凝固，漂浮在汤面，用漏勺捞出即为高级清汤。如一次吊汤不净，可用同样的方法进行二次吊制。

二、素汤的制作方法

素汤是用植物性原料制作的汤汁，多选用植物性蛋白质含量丰富或鲜味足的原料，多用于斋菜或清真菜的烹制。

1. 黄豆芽汤

黄豆芽汤属于素汤中的浓白汤，汤汁浓白，口味鲜醇。

用料：新鲜黄豆芽 5 千克，豆油 100 克，清水 14 千克。

制法：锅内加豆油烧热，下入黄豆芽煸炒至八成熟，加入开水，加盖用大火焖煮30 分钟左右，至汤呈乳白色、汤浓味鲜时，滤去豆芽即成。一般可制汤汁 12 千克左右。此汤可作炒、烩、煮等白色菜肴的用汤。黄豆芽汤放置时间不可过长，一般现用现制，否则放置时间过长，会出现沉淀现象。

2. 香菇汤

香菇汤又称香蕈汤，是利用水发香菇时的原汤制得的，汤色浅褐，汤汁澄清，鲜味浓郁，多用于烹制高档素菜。

用料：干香菇 1 千克，清水 5 千克。

制法：先将干香菇泡发回软，原汤留用。然后将香菇取出，用剪刀将香菇的菌柄和菌盖剪开。菌盖用热水（70 ℃左右）浸泡 2 小时，再用手抓捏菌盖，使泥沙脱落于水里，捞出。待水中的泥沙沉淀，将汤水用纱布过滤即可。

菌柄放锅里加清水用小火煮 2 ~ 3 小时后捞出，汤水沉淀，除去泥沙，再经纱布过滤，最后将以上两汤合在一起，即成香菇汤。一般可制清汤 4 千克。

3. 鲜笋汤

鲜笋汤根据季节不同，可选用不同的笋类，如春季用竹笋，夏季用毛笋，秋季用鞭笋，冬季用冬笋。

此汤汤色绿黄，味鲜浓郁，一般用于烹制高级素菜。由于汤味过浓，一般不单独使用，往往与两倍分量的黄豆芽汤兑制使用。

用料：鲜笋 500 克，清水 1.5 千克。

制法：先将鲜笋分割成笋老段、笋衣和笋嫩段三部分。笋老段和笋衣放入汤锅中加清水煮 3 小时左右，滤出清汤。另将笋嫩段加清水煮 1 小时左右，捞出熟笋，滤出清汤，与前面煮出的汤合在一起即可。一般可制清汤 1.2 千克。

4. 扁尖笋汤

扁尖笋汤汤质澄清，汤色淡黄，汤味鲜浓，一般用作比较高档的烧、炒、汤菜的调味用汤。

用料：干扁尖笋 1.2 千克，清水 2.5 千克。

制法：将干扁尖笋老段和嫩段分开。再将老段用清水略洗一下，放入汤锅中加清水煮 3 小时左右，捞出，待汤沉淀后用纱布过滤。另外，将嫩段用温水浸泡，原汤经沉淀过滤后与老段煮出的笋汤合在一起使用。一般可制清汤 2 千克。

5. 鲜蘑菇汤

鲜蘑菇汤是利用新鲜蘑菇焯水后的汤水制得的，汤色灰褐，味鲜，有青草的味道，可作一般菜肴的用汤。

用料：鲜蘑菇 1 千克，清水 4 千克。

制法：锅中加清水烧开，下入鲜蘑菇，焯煮 5 分钟，捞出蘑菇，汤水静置，去除沉淀物，再用细纱布过滤即可。一般可制清汤 3.5 千克。

三、制汤的关键

1. 必须选用新鲜、无腥膻气味的原料

制汤选用的原料必须是新鲜而鲜味足，并且没有腥膻气味和异味的原料。尽管在用料上有地方差异，但大同小异。动物性原料多选用蹄髈、瘦肉、猪骨、猪蹄、鸡肉、鸭肉、鸡架等；植物性原料多选用黄豆芽、香菇、笋等。

2. 制汤一般情况下应冷水下料，中途不宜加水

制汤时，选用的原料一般都是整只的或整块的，应与冷水同时入锅。如果用热水，则原料表面骤然受热收缩，表面的蛋白质凝固，就会影响原料内部蛋白质的溢出，汤汁就难以达到鲜醇的要求。此外，还要根据制汤的质量要求，控制汤汁量，水要一次加足，中途不得加冷水，否则会影响汤的质量。

3. 掌握好制汤的火候

要掌握好不同种类和要求的制汤方法的火候。例如，制浓白汤时，用大火烧开，然后改用中火加热，保持汤体沸腾，加热时间较长，这样汤汁才会乳白，汤味才会鲜醇浓厚。制清汤时，用大火烧开后，立即改用小火加热，保持汤体似开非开，加热时间较长，这样才能制得清汤，汤味才会鲜醇。

4. 注意调味料投放的时机

制汤时应掌握好时机加入调味料。一般情况下，葱、姜、料酒要提前放入，盐应在汤制好以后加入，不能提前加入。调味料不宜放得过多。

5. 保持汤质鲜醇

制汤大多是集中加工，一次制成，分次使用，这就要注意保持汤的新鲜，要密封存放，避免异物落入，同时要及时使用，不可存放过久。

1. 牛肉清汤

牛肉清汤以瘦牛肉、牛骨为原料，用小火长时间加热制得。制好的牛肉清汤，澄清见底，呈淡茶色，口味鲜醇，而且有浓厚的牛肉香味，适用于高档牛肉类菜肴的制

作，如“清汤牛肉”等。

用料：净牛肉3千克，牛骨2千克，葱、姜各100克，料酒25克，清水15千克。

制法：将原料洗净放入汤锅，加入清水，放入葱、姜和料酒，用中火加热。汤快沸腾时，撇去浮沫，改用小火加热，使汤面微沸。继续加热3～4小时，待可溶性营养物质溶解于汤中即可，最后用纱布过滤即为牛肉清汤。

如要汤汁更加鲜醇、澄清，也可用牛肉和鸡蛋清制取。将牛肉洗净，剁成细末，用鸡蛋清、胡椒粉搅拌均匀，放入凉水锅中，加葱、姜和料酒，用小火慢慢加热，用汤勺沿着一个方向搅匀，随着温度不断升高，肉末同蛋清逐渐凝固，形成饼状，覆盖住汤面。继续用小火或微火长时间加热（3小时左右），至汤味鲜醇，最后将浮在汤面的牛肉饼捞出，过滤后即成牛肉清汤。

2. 鸡清汤

鸡清汤的制作与一般清汤极为相似，但在日常餐饮经营中所用的原料与一般清汤又有区别，多采用鸡架、鸡翅尖、鸡爪、鸡皮及碎肉，这样就大大降低了成本。因用料低档，制出的鸡清汤鲜味较一般清汤淡一些，多用于制作普通菜肴或风味小吃。

用料：鸡架、鸡翅尖、鸡爪、鸡皮等2千克，葱、姜各50克，料酒25克，清水6千克。

制法：将鸡架、鸡翅尖、鸡爪、鸡皮等放入汤锅中加入清水，放入葱、姜和料酒。用中火加热。汤刚沸时，用漏勺撇去浮沫，再用小火加热1～2小时，使原料内含有的营养物质溶于汤中，取上面的汤汁使用。也可选用两只老母鸡来制作鸡清汤。

3. 鱼汤

鱼汤在制作鱼馔时运用较普遍。由于鱼汤熬制的时间较短，故采用现制现用的方法。制好的鱼汤呈乳白色，味道鲜美。

用料：鱼头、鱼骨（或小鲫鱼）2.5千克，葱、姜各100克，料酒25克，清水7.5千克，色拉油（或猪油）100克。

制法：将鱼头、鱼骨洗净、剁块，锅内加入色拉油，加热至油温八成热，下入葱、姜煸出香味，随即下入鱼块煸炒，烹入料酒，加入沸水，用旺火煮20分钟左右，汤呈乳白色时，捞出鱼骨，用纱布过滤即成。

4. 三合汤

三合汤由火腿（或火腿骨、火腿皮）、鸡腿肉（或鸡骨、鸭骨）和猪腿肉（或猪蹄、猪骨头）三种原料一同煮制而成，汤色淡白，鲜香浓郁。三合汤适用于特殊菜肴的烹制。

用料：火腿骨1.5千克，鸡腿肉1.5千克，猪腿肉1.5千克，葱、姜各100克，料酒50克，清水30千克。

制法：将所用原料清洗干净，葱、姜用刀拍松。将原料放入清水锅中，用中火慢慢烧沸，然后撇去浮沫，随即加入葱、姜和料酒，然后继续用中火或小火加热2～3小时，直到汤色淡白，原料中的营养物质溶入汤中，鲜香四溢时即成。

思考与练习

1. 什么叫制汤？制汤有什么作用？
2. 汤可分为哪几大类？
3. 简述制汤的原理。
4. 简述高级白汤和高级清汤的制作过程。
5. 制汤应掌握哪些操作关键？

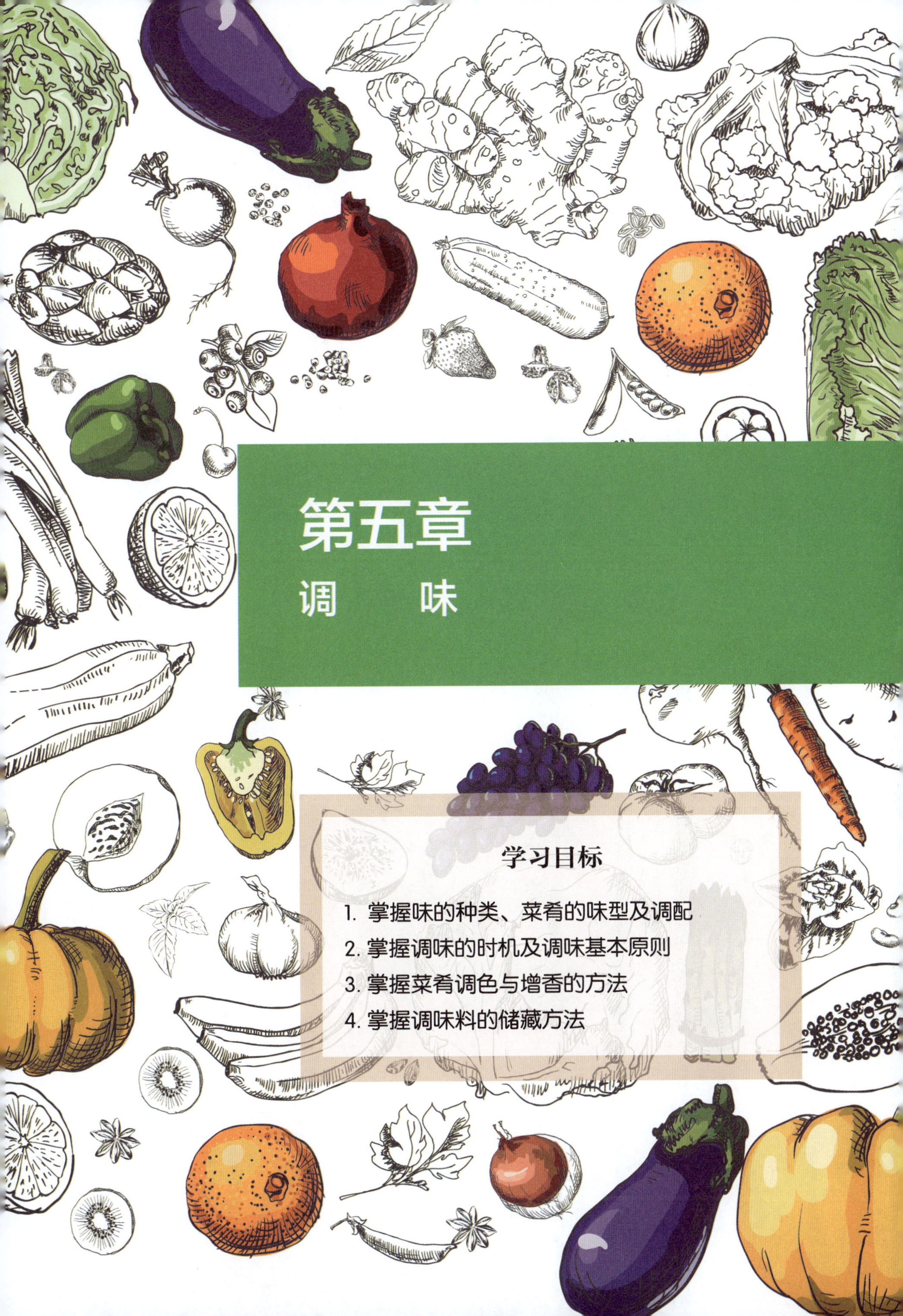

第五章
调　　味

学习目标

1. 掌握味的种类、菜肴的味型及调配
2. 掌握调味的时机及调味基本原则
3. 掌握菜肴调色与增香的方法
4. 掌握调味料的储藏方法

所谓调味，简而言之，就是调和滋味，是运用各种调味料和调味手段，使烹制出的菜肴具有多样口味或一定风味特色的一项技术。调味在烹调技术中占有重要地位。调味不仅丰富了菜肴的口味，还使菜肴品种多样化。

中国烹饪调味的历史悠久，从盐的发现到现在已有五千年的历史，历朝历代都十分重视调味。《吕氏春秋·本味篇》就指出："调味之事，必以甘、酸、苦、辛、咸，先后多少，其齐甚微，皆有自起。"中国菜最重视调味，有人说，中国菜的灵魂就是味。清代文学家、美食家袁枚在《随园食单》中记述："厨者之作料，如妇人之衣服首饰也，虽有天姿，虽善涂抹，而敝衣褴褛，西子亦难以为容"，充分说明了调味的重要性。

第一节　味的概念与种类

味、味觉和调味的关系密不可分。只有了解味和味觉的概念，才能进一步掌握味的分类。本节重点介绍味的概念、味的感知、味的种类和味的几种现象。

一、味的概念

味是指食物中含有的呈味物质。食物中含有不同的呈味物质，故食物的味是不一样的。味可以分成可口和不可口两大类。可口味指的是咸、甜、鲜等；不可口味指的是苦、臭、腥等。

味觉是指食物从看到至进入口腔后，咀嚼时给人的综合感觉。味觉有广义和狭义之分。广义的味觉包括物理味觉、心理味觉和化学味觉。狭义的味觉指的是化学味觉，即食物中的呈味物质刺激味蕾所引起的感觉，如咸味、甜味、酸味等。本节所讲的味觉指的是狭义的味觉。

物理味觉是指由于菜肴硬度、黏度、温度等物理因素刺激口腔或咀嚼而产生的物理刺激。如“爆双脆”口感脆嫩、“滑炒里脊丝”口感滑嫩、“清炖鸡”口感软烂等。

心理味觉是指菜肴的色泽、形状、组织结构、就餐环境、就餐气氛等因素对人们的味觉产生的心理影响。例如，提到面包，人们首先会想到色泽金黄，质地柔软；当看到红色的青椒，就会想到辣味；当看到形状奇怪的食物时，就可能产生厌恶感等，这些都是心理味觉的体现。就餐环境优雅舒适会使人心情舒畅，有食欲，感到菜肴可口。如果就餐环境差，卫生条件差，再好的菜肴也不会引起人的食欲。同样，周到、文明、热情的服务，和谐热烈的就餐气氛，会使就餐者心情愉快，食欲增加；反之，就会使人失去食欲，没有胃口。例如，有的服务员上菜时不讲服务质量，上烧大肠时喊“谁的肠子”，这就很影响人的食欲。

二、味的感知

人们摄取食物时，食物的各种味都是由食物中可溶性成分溶于唾液或食物的溶液刺激舌头表面的味蕾，再经过味神经纤维传到大脑的味觉中枢，经过大脑的识别分类而感知的。口腔内的味感受体主要是味蕾，其次是自由神经末梢。味蕾是分布在口腔黏膜中极其活跃的结构之一，主要分布在舌头表面的乳突中，特别是舌黏膜皱褶处的乳突侧面更为稠密，少部分分布在软腭、咽喉和会厌等处。味蕾以短管（味孔口）与口腔相通。一般成年人约有 2 000 个味蕾，味蕾由 40 ~ 60 个椭圆形的味细胞组成，并紧连着味神经纤维，由味神经纤维连成的小束直通大脑，这些部分便构成了味的感受器。

舌的不同部位对不同味的敏感性也不相同。一般来讲，舌尖对咸味最敏感，舌前部对甜味最敏感，舌靠腮的两侧对酸味最敏感，舌根部对苦味最敏感。舌头的味觉识别分布如图 5–1 所示。

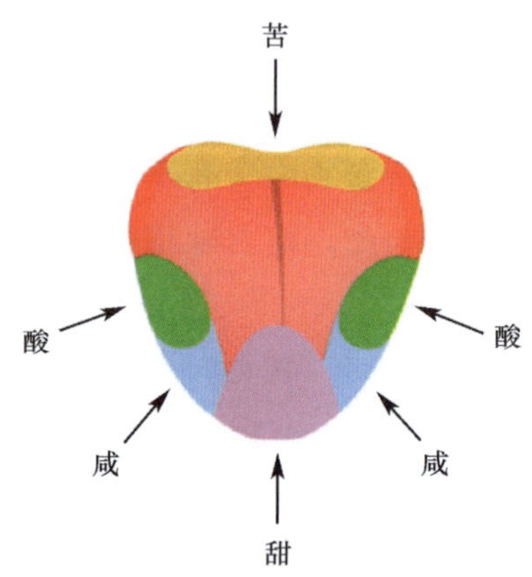

图 5–1　舌头的味觉识别分布

三、味的种类

味的种类很多，有 5 000 余种，概括起来可分为两大类，即单一味和复合味。

1. 单一味

单一味又叫基本味，是由一种呈味物质构成的。在不同的国家和地区对基本味的认识有所不同，欧美等国家认为基本味只有 4 种，即咸、甜、酸、苦；日本认为基本味有 5 种，即咸、酸、甜、苦、辣；印度认为基本味有 8 种，即咸、酸、甜、苦、辣、淡、涩、不正常味。目前我国普遍认为基本味有 7 种，即咸、甜、酸、辣、苦、鲜、香。在我国四川认为基本味有 8 种，再加一种麻味。

从理论上来说，单一味只能出现在调味料的分类上。事实上，只有一种味道的菜肴是不存在的。菜肴的口味都是复合味。7 种单一味的作用见表 5–1。

表 5–1　7 种单一味的作用

单一味	作用	调味料
咸味	调味中的主味，提鲜，突出甜味，去腥解腻	盐、酱油、酱等
甜味	增加鲜味，柔和滋味	白糖、饴糖、蜂蜜等
酸味	去腥解腻，利口开胃	香醋、番茄酱、柠檬等
辣味	除腥解腻，增进食欲，帮助消化	辣椒、胡椒、芥末等
苦味	消除异味，解腻爽口	陈皮、苦瓜、杏仁等
鲜味	使菜肴鲜美可口	味精、鸡精、蚝油等
香味	使菜肴具有芳香气味，刺激食欲，去腥解腻	香油、料酒、香料等

2. 复合味

复合味是由两种或两种以上的单一味所构成的味觉。复合味又可分为双味复合味和多味复合味。双味复合味是由两种不同的单一味构成的味道，如咸鲜味、甜酸味、酸辣味、甜咸味等。多味复合味是由两种以上的单一味构成的味道，如鱼香味、家常味、荔枝味、怪味等。

四、味的几种现象

1. 味的对比现象

把两种呈味物质以适当的浓度调在一起，使其中一种呈味物质的味道更为突出的现象，叫作味的对比现象。例如，在浓度 15% 的蔗糖溶液中加入 0.017% 的食盐，甜味会更加突出。这就像中国有句俗话所说的，要想甜，加点盐。在烹制甜菜时，可以加入一点盐，甜味会更强烈。

2. 味的相乘现象

把同一种味觉的两种或两种以上的不同呈味物质互相混合或并用，其呈味效果大大超过单独使用的任何一种味的现象，叫作味的相乘现象，又叫作味的增强现象。即

1 加 1 大于 2。例如，谷氨酸钠和肌苷酸钠同时使用，鲜味更加强烈，鸡精的鲜味就是利用了这一特点。

3. 味的消杀现象

把两种或两种以上的呈味物质以一定的比例混合，使每一种味觉都有减弱的现象，叫作味的消杀现象。根据这一特性，制作的菜肴口味过咸或过酸时，适当加些糖可使咸味或酸味有所减轻。

4. 味的转化现象

将多种味道不同的呈味物质混合使用，导致各种呈味物质的本味均发生转变的现象，叫作味的转化现象，又称味的变调。味的转化原因有两个：一是生理上对味的感受出现暂留印象，如喝完糖水后喝清水，清水也有甜味；二是原料及调味料中的呈味物质融合后产生复杂的化学变化，使原料呈味物质的味改变。如调制怪味时，将甜味、酸味、咸味、辣味、麻味、鲜味、香味七种调味料按比例融合，通过味的转化方式调制而成，七味并重而协调。

5. 味的适应现象

当连续品尝某些味时，味觉的反应或新鲜感都会越来越弱，这种现象称为味的适应现象。例如，当喝了一杯浓糖水，再喝淡糖水，就会觉得不甜。如果顿顿喝鸡汤，就会觉得越来越没鲜味，越来越不好喝，这些都是味的适应现象的表现。

第二节 菜肴的味型与调配

菜肴的味型是指用几种调味料调和而成的具有一定规格特征的风味类型。它主要由滋味和香味来体现，是味觉和嗅觉的综合反映。菜肴的味型主要借助调味料的调和，当然也有主配料的本味和火候运用等方面的辅助作用。

我国菜肴以味型丰富著称，常见的味型有咸鲜、咸甜、香咸、咸辣、酸甜、荔枝、酸辣、麻辣、家常、鱼香、怪味等几十种。

一、常见菜品味型的主要特征

我国常见菜品味型的主要特征见表 5–2。

表 5–2　　我国常见菜品味型的主要特征

味型	主要原料	辅助原料	特点	注意事项	实例
咸鲜味	食盐、味精、鸡精	酱油、白糖、香油、姜、胡椒粉等	咸鲜、清香	咸味适度，突出鲜味	烧腐竹、红烧鱼
咸甜味	白糖、食盐、料酒	姜、葱、花椒、冰糖、糖色、五香粉、醪糟汁、鸡油等	咸甜并重，兼有鲜香	咸甜两味可有所侧重。咸重，即咸甜味；甜重，即甜咸味	冰糖肘子、樱桃肉

续表

味型	主要原料	辅助原料	特点	注意事项	实例
五香味	香料、食盐、料酒、葱、姜	—	浓香馥郁，口味咸鲜	—	五香牛肉、五香排骨
糖醋味	糖、醋	食盐、酱油、姜、葱、蒜等	甜酸味浓，回味咸鲜	应以适量咸味为基础	糖醋里脊、糖醋排骨
麻辣味	辣椒、花椒、食盐、味精、料酒	白糖、醪糟汁、豆豉、五香粉、香油等	麻辣味厚，咸鲜而香	辣而不燥，突出鲜味	麻婆豆腐、水煮肉片
红油味	红油、酱、白糖、味精	醋、蒜泥或香油	色泽红亮，味微麻辣	必须掌握其辣味，应比麻辣味型的辣味轻	红油肚丝、红油笋片
荔枝味	食盐、醋、糖、酱油、味精、料酒	姜、葱、蒜等	酸甜似荔枝，咸鲜在其中	以适量咸味为基础，重用醋、糖，突出酸甜味	锅巴肉片、荔枝鱿鱼卷
家常味	豆瓣辣酱、食盐、酱油、味精	泡红椒、料酒、豆豉、甜酱、糖等	咸鲜微辣	—	家常豆腐、家常海参
鱼香味	泡红辣椒、食盐、酱油、白糖、醋、姜末、蒜末、葱丁	—	咸、甜、酸、辣兼备，葱、姜、蒜香浓郁	以咸为主，甜酸辣不可太过	鱼香肉丝、鱼香茄子
怪味	食盐、酱油、红油、花椒面、白糖、醋、芝麻酱、熟芝麻、香油、味精	姜末、蒜末、葱花等	咸甜麻辣酸鲜香七味并重而协调	比例恰当，互不压制	怪味花生、怪味鸡丝

二、几种复合调味料的调配

1. 椒盐

椒盐味香咸，各地加工方法相似，多用于干炸菜肴。

用料：花椒 500 克，精盐 1.5 千克。

制法：先将精盐放入炒锅内，炒干水分，然后放入花椒，炒至焦黄时，取出放在案板上，擀成细末即可。

2. 芥末糊

芥末粉味辣而带有苦味，必须经过加工才能调和苦味而突出香辣味。

用料：芥末粉 500 克，水（温开水）375 克，醋 250 克，植物油 125 克，白糖少许。

制法：先将芥末粉用温开水和醋拌匀，再加入植物油和白糖，搅拌均匀，静置 30 分钟即可使用。因糖醋能除去苦味，油能增进香味，调好后可成为香辣味突出而无苦味的芥末糊。

3. 糖醋汁

糖醋汁的制法有多种，目前市场上流行的做法有两种，一种不放番茄酱，另一种放番茄酱。

第一种：

用料：香醋 100 克，白糖 150 克，酱油 10 克，精盐 2 克，湿淀粉 20 克，植物油 50 克，水 50 克，葱花 20 克。

制法：炒锅洗净下入香醋、白糖、酱油、精盐、水，成汁后下入葱花，用湿淀粉勾芡，汁沸后下入热油，用武火将汁烘活即成。

第二种：

用料：白醋 100 克，白糖 60 克，精盐 2 克，番茄酱 25 克，啯汁 10 克，水适量。

制法：炒锅置于中火上，放水、白糖，汤沸后加精盐、番茄酱、啯汁，调匀后下入白醋搅匀即成。

4. 咖喱油

咖喱粉味辣而香气不足，而且带有药味，一般应加工成咖喱油再作调味之用。

用料：咖喱粉 250 克，花生油 500 克，胡椒粉 20 克，干红辣椒末 50 克，生姜末 50 克，蒜末 50 克，洋葱末 75 克。

制作：炒锅置于中火上，下入花生油，烧至四成热，依次放入干红辣椒末、胡椒粉、生姜末、蒜末、洋葱末，炒出香味，再加入咖喱粉合炒，透出香味时出锅即成。炒制时油温不能太高，否则会将咖喱粉炒煳，失去香味。

5. 香糟卤

香糟卤也称香糟汁，具有强烈的醇香味，现成的干香糟（酒糟）不能直接作调

味用，必须加工成香糟卤才能使用。

用料：香糟 500 克，黄酒 2 千克，白糖 250 克，精盐 150 克，桂花少许。

制法：先将香糟用黄酒浸泡，加入白糖、精盐、桂花，调和静置，使糟渣下沉，滗取上面的卤汁，再用纱布过滤即成。

6. 柠檬汁

用料：柠檬汁 500 克，精盐 15 克，味精 10 克，白糖 200 克，白醋 250 克。

制法：将以上调料放入锅内，加热成汁即成。

7. 豆豉汁

豆豉汁色泽呈棕黑色，有浓郁的豆豉清香，多用来烹制蒸烧类菜肴。

用料：豆豉 500 克，花生油 75 克，老抽 3 克，白糖 20 克，味精 20 克，精盐 25 克。

制法：将豆豉洗干净，用刀剁碎，在炒锅中炒干，放入花生油，上笼蒸透，然后加入老抽、白糖、味精、精盐，调拌均匀即可。

8. XO 酱（又称酱皇）

用料：虾米粒 1.3 千克，带肥肉火腿粒 1.3 千克，虾子 150 克，瑶柱碎 500 克，比目鱼末 150 克，咸鱼粒 300 克，野山椒粒 1 千克，辣椒粉 250 克，蒜蓉 900 克，干葱蓉 900 克，鸡精 250 克，味精 150 克，白糖 500 克，花生油 1.5 千克。

制法：用 750 克油将蒜蓉和葱蓉爆香，再加入其余原料，边炒边加油（切勿烧焦），至色呈金黄即成。

第三节 调味的时机、方法及基本原则

一、调味的时机

在菜肴的烹制过程中，调味的实施可划分为以下三个时机（或称为三个阶段）：

1. 原料加热前调味

原料在加热前的调味又称基础调味，其目的是使原料在烹制前就具有一个基础的滋味（即底味），同时改善原料的气味、色泽、硬度及持水性，适用于加热中不宜调味或不能很好入味的烹调方法。采用蒸、炸、烤等方法烹制的菜肴，一般均需对原料进行基础调味，如“清蒸鱼”“干炸带鱼”“烤羊腿”等。

2. 原料加热中调味

原料在加热中的调味又称定型调味，大部分菜肴的口味都是在这一阶段调制的，如炒、烧、炖、扒等方法烹制的菜肴。菜肴在烹制过程中有序地加入所需调味料，从而确定菜肴的滋味，如“烧茄子”“炖排骨”“炒鸡丁”等。

3. 原料加热后调味

原料在加热后的调味又称为辅助调味，是在菜肴起锅后、上桌前或上桌后的调味，是调味的最后阶段，其目的是补充前期调味的不足，使菜肴滋味更加完美。如“干炸带鱼”上桌时外带椒盐，“清蒸鱼”上桌时外带姜末香醋。

以上调味的三个时机，应根据不同菜肴的具体情况分别对待，有些需要加热前调味，加热后补充调味，有些在加热中调味。

二、调味的方法

调味方法是指在烹调过程中使原料入味的具体方法，大致可分为腌渍调味法、分散调味法、热渗调味法、裹浇调味法、粘撒调味法和跟碟调味法。

1. 腌渍调味法

腌渍调味法是将调味料与菜肴的主配料拌和均匀，或将菜肴主配料浸泡在调味料溶液中，经过一定时间使其入味的调味方法。前者称为干法腌渍，后者称为湿法腌渍。烹调中常用食盐、酱油、蔗糖、蜂蜜或食醋等调料来腌渍，行业中有时也叫码味。如虾仁炒之前用盐、料酒腌渍等。腌渍调味法如图 5–2 所示。

图 5–2　腌渍调味法

2. 分散调味法

分散调味法是将调味料溶解并分散于汤汁状原料中的调味方法。分散调味法广泛应用于水烹菜肴的制作，如烩菜、汤菜。水烹菜肴时，需要利用水的对流来分散调味料，常以搅拌和提高水温的方法作辅助。此法还常用于泥茸原料的调味，因泥茸原料一般不含大量的自由流动水，仅靠水的对流难以分散调料，故必须采用搅拌的方法将调味料和匀。有时还要把固态调味料事先溶解成溶液，再均匀拌和到泥茸原料之中。

3. 热渗调味法

热渗调味法是在加热条件下，使调味料中的呈味物质渗入原料内部的调味方法。此法常与分散调味法和腌制调味法配合使用。在烹调过程中，调味料必须先分散到汤汁中，再通过原料与汤汁的物质交换，使原料入味。在汽蒸或干热烹制的过程中，一般无法进行调味，需要先将原料腌渍入味，再在烹制加热过程中，使调味料进一步渗入原料内部。热渗调味需要一定的加热时间，一般加热时间越长，原料入味就越充分。

4. 裹浇调味法

裹浇调味法是将液体状态的调味料黏附于原料表面，使其带味的调味方法。根据调味料黏附方法的不同又可分为裹制法和浇制法两种。裹制法是将调味料均匀裹于原料表面的调味法，在菜肴制作中使用较为广泛，在原料加热前、加热中或加热后均可使用。从调味的角度看，上浆、挂糊、勾芡、收汁、拔丝、挂霜等均是采用裹制法。浇制法是将调料浇淋在原料表面的调味法，多用于热菜加热后及冷菜切配装盘后的调味，如焦熘菜、瓤菜及一些冷菜的浇汁。浇制法不如裹制法调味均匀。裹浇调味法如图 5–3 所示。

图 5–3　裹浇调味法

5. 粘撒调味法

粘撒调味法是将固态调味料粘撒在原料或菜肴表面，使之黏附增味的调味方法。此法中调味料黏附于原料表面的方式和裹浇调味法相似，但是它用于调味的调味料呈固态，操作方法也有一定区别。粘撒调味通常是将加热成熟后的原料置于颗粒状或粉末状调味料中，使其粘裹均匀；也可以将颗粒或粉末状调味料投入锅中，翻动原料，使之裹匀；还可以将原料装盘后，再撒上颗粒或粉末状调味料。此法适用于一些热菜和冷菜的调味。粘撒调味法如图 5–4 所示。

6. 跟碟调味法

跟碟调味法即将调味料盛入小碟或小碗中随菜一起上席，由用餐者蘸而食之的调味方法。此法多用于烤、炸、蒸、涮等方法烹制菜肴的调味。跟碟上席可以一菜多味（即上多种不同味型的味碟），由用餐者根据各自的需要自选蘸食。它较之其他调味方法具有较大的灵活性，能同时满足多人的口味要求。跟碟调味法如图 5–5 所示。

图 5–4 粘撒调味法

图 5–5 跟碟调味法

上述各种调味方法在菜肴制作中既可以单独使用，也可以几种方法共同使用，视菜肴的具体情况而定。

三、调味的基本原则

1. 下料必须恰当适时

在调味时，投放调味料的数量一定要准确，这也是厨师的基本功之一。为此，厨师应当了解所烹制菜肴的味型。下料时，一方面要求分清调味料的主次，力求达到下料规范化、标准化；另一方面要掌握好调味料的投入时机，哪些需要先放入，哪些需要后放入，做到心中有数，恰到好处。

2. 严格按照一定的规格调味，保持风味特色

我国的烹制技艺经过长期的发展，形成了具有各地风味特色的地方菜。在烹制菜肴时，必须按照地方菜的不同规格要求进行调味，尤其是地方名菜，必须保持菜肴的

风味特色，做到“炒什么菜，像什么菜”。要防止随心所欲地进行调味，使菜肴口味混杂。

3. 根据季节变化适当调节菜肴的口味和颜色

随着季节气候的变化，人们对菜肴的要求也会有所改变。《周礼》中写道:“春多酸，夏多苦，秋多辛，冬多咸。”可见两千多年前，我们的祖先就知道季节变化与用味的规律。在天气炎热的夏季，人们往往喜欢口味较清淡、颜色较淡的菜肴；在寒冷的冬季，则喜欢口味较浓厚、颜色较深的菜肴。在调味时，在保持风味特色的前提下，应根据季节变化适当灵活掌握。

4. 根据原料的不同性质调味

烹制菜肴时所使用的原料种类和品种非常多，性质也各不相同。在调味时，要有针对性地对不同性质的原料进行调味，做到“有味者使之出，无味者使之入，异味者使之消”。即本身有鲜美味道的原料要使它的鲜美味道呈现出来，而不宜用调味料的滋味来掩盖。例如，对于新鲜的鱼、虾、蟹，调味不宜过重，也禁忌太咸、太甜、太辣或太酸，应保持其清淡的口味，突出其鲜美的本味。本身无显著鲜味的原料，要适当增加美味。如燕窝、鲍鱼等，本身没什么味道，调味时必须加入鲜汤来弥补其鲜味的不足。对于本身带有腥膻气味的原料，要通过加入调味料除其腥膻异味。如动物内脏和羊肉，在调味时，酌加料酒、醋、葱、姜、花椒、辣椒、香料等，以去除其腥膻异味。

第四节 调色与增香

在菜肴烹制过程中，调色与增香往往与调味同时进行，在加入各种调味料调味的同时，有的调味料也起到了调色或增香的作用。在菜肴烹制过程中，需把握好调味和调色、增香的关系。

一、菜肴色泽的来源

菜肴鲜艳的色泽能刺激人的食欲。一般来说，菜肴的色泽主要有以下三个来源。

1. 烹调原料本身的颜色

即原料的本色。有些烹调原料具有鲜艳的颜色，如绿色蔬菜具有鲜绿色，因此习惯上将绿色的蔬菜称为翡翠。原料本色有：

红色：番茄、胡萝卜、火腿、香肠、午餐肉、腊肉、红辣椒等。

黄色：韭黄、口蘑、黄花菜、蛋黄糕等。

绿色：青椒、青菜、西蓝花、四季豆、蒜薹、莴笋等。

白色：鸡脯肉、鱼肉、白萝卜等。

紫色：紫茄子、紫包菜、红苋菜、红菜薹、肝、肾等。

黑色：黑木耳、海参等。

褐色：香菇、海带等。

2. 加热形成的色泽

即在烹制过程中，原料表面发生色变所呈现的一种新的色泽。加热引起原料色变的主要原因是原料本身所含色素的变化及糖类、蛋白质等的焦糖化反应产生的。例如，虾、蟹本身的颜色为青色，加热后变为红色，这是因为虾含有的虾青素在加热后变成虾红素，而呈现红色。白色的馒头经油炸后变成金黄色，这主要是因为发生了焦糖化反应。

3. 调味料调配的色泽

常见的有色调味料，如酱油、红醋、各种酱品、糖色等用来调制褐色、红褐色；番茄酱、红曲米、红油等用来调制红色（见图 5-6）；蛋黄用来调制黄色（见图 5-7）；蛋清用来调制白色（见图 5-8）；绿色蔬菜汁用来调制青绿色（见图 5-9）。有些还借助于这些调味料在加热时的色变来调色。例如，烤鸭烹制时在其表皮涂抹饴糖，经烤制形成了鲜亮的枣红色（见图 5-10），便是利用饴糖的焦糖化反应。

红油

红油调制的米皮

图 5-6　用红油调制红色

用蛋黄调制的黄色糊

蛋黄糊烤制成的虎皮戚风卷

图 5-7　用蛋黄调制黄色

图 5-8 用蛋清浆调制处理后的洁白色

图 5-9 用菠菜汁制成的青绿色面条

图 5-10 饴糖涂抹烤制后形成的枣红色

二、菜肴的调色方法

菜肴的调色方法有保色法、变色法、兑色法和润色法四种。

1. 保色法

保色法是利用调色手段保护或突出原料本色的方法。此方法多用于颜色纯正鲜亮原料的调色，如绿色蔬菜、红色鲜肉等。

（1）蔬菜、水果原料的保色。蔬菜的绿色由其所含叶绿素引起，叶绿素与胡萝卜素等色素共存，在热和酸的共同作用下，或者在热和氧的作用下，叶绿素变成脱镁叶绿素，绿色会消失，变成黄色。为此，保护蔬菜鲜艳的绿色，一般可采用以下方法：

1）加油保色。在菜肴表面淋明油或焯水时加油脂，以形成保护性油膜，隔绝空气中氧气与叶绿素的接触，达到保色目的。但此法不能阻止蔬菜组织中所含酶的作用，只能在一定时间内有效，时间稍长仍会变色。

2）加碱保色。叶绿素在酸性条件下不稳定，但在弱碱条件下，水解生成性质稳定、颜色亮绿的叶绿酸盐，可达到保持蔬菜绿色的目的，故焯水时可以加一点碱。虽然碱可以保持蔬菜的绿色，但在碱性条件下，蔬菜所含的某些维生素损失较为严重，一般不提倡使用。

3）加盐保色。有些绿色蔬菜加盐调味后绿色加重，并且可以保持一定的鲜度，如黄瓜、青椒等。此方法多在生原料中使用。但加盐的量要适当，不宜过多，保存的时间也不宜过长；否则，叶绿素的破坏程度加重，其颜色反而变得暗淡无光。

4）水泡保色。有些蔬菜和水果，如土豆、藕、苹果、梨等，去皮后会发生褐变而变成褐色。厨房中经常把去皮或切开的上述原料放入水中浸泡，这样可以隔绝原料与空气接触，而避免褐变。但这种方法在短时间内有效，如果长时间浸泡仍会缓慢褐变。如再在水中加适量酸性物质，则可控制酚酶的催化作用，能够较长时间防止褐变。

（2）红色鲜肉的保色。牲畜的瘦肉呈红色，受热则呈现令人不愉快的灰褐色。在烹调时，有时需要保持其本色，这时常采用在烹制前加一定比例硝酸盐或亚硝酸盐腌渍的方法来达到保色的目的。

肉类的红色主要来自所含的肌红蛋白和血红蛋白，加硝酸盐或亚硝酸盐等发色剂腌渍时，肌红蛋白和血红蛋白转变成色泽红亮且加热不变色的亚硝基肌红蛋白和亚硝基血红蛋白。此类发色剂有一定的毒性和致癌性，使用时应严格控制用量。我国卫生部门规定：硝酸盐的使用量不得超过 0.5 克 / 千克，亚硝酸盐的使用量不得超过 0.15 克 / 千克。

2. 变色法

变色法是利用有关调味料改变原料的本色，使烹制的菜肴呈现鲜亮色泽的调色方法。变色法主要利用菜肴在烹制过程中发生焦糖化反应或美拉德反应来改变色泽。例如，“北京烤鸭”表面抹上饴糖，可烤制出枣红色；“脆皮乳鸽”表面抹上饴糖和醋，炸出的制品红亮皮脆。

3. 兑色法

兑色法是用有关调味料以一定浓度或一定比例调配出菜肴色泽的方法。此方法多用于以水为传热介质的烹调方法，如烧、炖、扒、煨等。常用的调味料有酱油、红醋、红糟、糖色、番茄酱、甜酱、食用色素等。此方法在菜肴调色中用途最广。

4. 润色法

润色法是在菜肴表面裹上一层薄薄的油脂，使菜肴色泽油润光亮的方法。此方法主要用于改善菜肴色彩的亮度，增加美观性。大多数菜肴都用到此法。例如，出锅前加入明油或红油，就可使菜肴起明发亮，其操作较为简单，有淋、拌、翻等方法。

以上四种调色方法在实际操作中一般不单独使用，而是两种或两种以上的方法配合使用，才能使菜肴达到应有的色泽要求。

三、菜肴香味的来源

1. 原料固有的天然香气

原料的天然香气是指在烹调加热前原料自身固有的香气。如芝麻的香味，香菜的香味，奶油、奶粉的乳香，水果的果香，猪肉、鸡肉、鱼肉中的香味等。

2. 调味料的香气

如花椒、八角、桂皮、茴香、丁香等散发的香气；料酒、醋、酱等经过发酵而产生的香气；经过腌渍、烟熏处理后原料具有的特殊香气。

3. 食物原料在烹调加热过程中因化学反应而产生的香气

此反应主要指美拉德反应。美拉德反应能产生具有芳香气味的醛、酚、醇等物质。另外，类胡萝卜素氧化、降解，也能产生香气，如烧烤类菜肴的香气、旺火爆炒菜肴产生的香气。

四、菜肴增香的方法

增加菜肴的香味可使烹制出的菜肴更加诱人。菜肴增香的方法有以下几种：

1. 抑臭增香法

抑臭增香法是运用一定的调味料和适当的手段，消除、减弱或掩盖原料本身带有的不良气味，同时突出并赋予原料香气。

（1）将盐、醋、料酒、葱、姜等调味料和有异味的原料一起拌匀或揉搓，使调味料中的有关成分吸附在原料表面或渗透到原料之中，与其异味成分充分作用，再通过焯水、过油或正式烹制，使异味成分得以挥发除去。此方法使用范围很广，具有入味增香、助色的作用。

（2）在原料烹制的过程中，加入食盐、料酒、香葱、胡椒、花椒、大蒜等，可除去原料中的异味，并增加菜肴的香气。异味较轻的原料多用此法。

（3）在原料烹调成菜时，加入带有浓香气味的调味料，如香葱、蒜泥、胡椒粉、花椒面、小磨香油等，以掩盖原料的轻微异味。此方法具有补充香味的作用。

2. 加热增香法

加热增香法就是借助热力的作用，使调味料的香气大量挥发，并与原料的香气相融合，形成浓郁香气的调香方法。调味料中的呈香物质在加热时迅速挥发出来，可溶解在汤汁中或渗入原料中，或吸附在原料表面，或直接从菜肴中散发出来，从而使菜肴带有香气。此方法在调香工艺中使用甚广，几乎各种菜肴都能用到。

（1）炝锅增香。油烧热下入葱、姜、蒜、花椒等炸香的操作称为炝锅，香味物质部分融入油中，从而使菜肴增香。

（2）加热入香。在煮制、炸制、烤制、蒸制时，通过加热使产生的香气渗透到原料内部。

（3）热力促香。在菜肴起锅前或下锅后趁热淋浇或粘撒呈香调味料，如淋香油、撒上香菜等。

（4）酯化增香。在较高的温度下，促进醇和酸的酯化反应，以增加菜肴的香气。

3. 封闭增香法

封闭增香法属于加热增香法的一种辅助手段。调香时呈香物质受热挥发，大量地散失掉了，存留在菜肴中的只是一小部分，加热时间越长，散失越严重。为了防止香气在烹制过程中严重散失，通常将原料保持在封闭条件下加热，临吃时启开，可以获得非常浓郁的香气，这就是封闭增香法。

（1）容器密封。用汽锅、瓦罐、竹筒、砂锅等带盖容器烹制菜肴。

（2）泥土密封。如“叫花鸡”等，用泥土把腌渍过的鸡包裹均匀。

（3）面团密封。如“酥皮烤鱼”等，用调制好的面团代替泥土密封。

（4）浆糊密封。原料挂糊上浆除了具有调味增嫩的作用外，还具有增香的作用。

（5）原料密封。用整型的原料包裹馅料后密封。

（6）锡纸密封。用锡纸把原料包好放入烤箱内烤熟，上桌时打开锡纸，香味四溢。

4. 烟熏增香法

烟熏增香法是一种特殊的增香方法，常以樟木屑、花生壳、茶叶、谷草、柏树叶、锅巴屑、食糖等为熏料，把熏料加热至冒浓烟，产生浓烈的烟香气味，使烟香物质吸附在原料表面，有一小部分还会渗入原料表层之中，使原料带有较浓的烟熏香味。

第五节 调味料的盛装保管与合理放置

一、调味料的盛装保管

调味料必须妥善地盛装与保管。如果盛装的容器不妥，或者保管的方法不善，都可能导致调味料变质或使用紊乱。

盛装调味料的器皿应根据调味料的不同物理性质和化学性质选用。调味料的品种很多，有液体，有固体，还有易于挥发的芳香性物质，因此，必须注意器皿的选用。

1. 调味料的存放环境要求

（1）环境温度不宜过高或过低。环境温度过高，则糖易融化，醋易浑浊，葱、蒜易变色；温度太低，葱、蒜易冻坏变质。

（2）环境不宜太潮或太干。环境太潮湿，则盐、糖易融化，酱和酱油易生霉；环境太干燥，葱、姜、蒜易枯萎变质。

（3）有些调味料不宜多接触日光和空气。如油脂类调味料多接触日光易氧化变质，姜多接触日光易生芽，香料多接触空气易散失香味。

2. 调味料的保管要求

（1）应掌握先进先用的原则。调味料一般不宜久存，在使用时应先进先用，以避免储存过久而变质。虽然少数调味料如黄酒越陈越香，但开坛后也不宜久存。

（2）应掌握好数量。需要事先加工的调味料，一次不可加工太多。如湿淀粉、香糟、葱花、姜末等，都要根据用量进行掌握，避免一次加工太多而造成变质浪费。

（3）不同性质的调味料应分类储存并注意保管。如植物油，没有使用过的清油和

炸过的油必须分别放置，不宜相互混合，以免影响质量。使用过的油应每日清底去渣，湿淀粉应每日换清水。

二、调味料的合理放置

烹调菜肴时要求动作迅速，因此日常使用的调味料器皿必须放在靠近右手的调味料台上，以方便取用。调味料器皿的放置，有一定的位置要求，一般原则是：

（1）先用的放得近，后用的放得远。

（2）常用的放得近，少用的放得远。

（3）湿的放得近，干的放得远。

（4）有色的放得近，无色的放得远，同色的应间隔放置。

具体的放置方法应根据各地的使用习惯而定。一般来说，使用较频繁的食用油、酱油等有色液体，要放在靠近灶台的地方，既取用方便，又可防止滴落后污染其他调味料；湿淀粉、料酒等液体调味料要放得近一些；盐、白糖、味精等固体调味料可放得稍远一点。白糖、盐与味精，料酒与食醋等颜色近似的调味料应分开放置，以免忙中取错。另外，若调味料的放置位置确定后，最好不要随意变动，要随用随放回原处，避免取错用错。

思考与练习

1. 什么是调味？味可分为哪两大类？
2. 基本味有哪些？各有什么作用？
3. 常见菜品味型的特点是什么？
4. 调味的时机分哪几个阶段？调味的方法有哪几种？
5. 调味的基本原则有哪些？
6. 调色的方法有哪些？
7. 增香的方法有哪些？
8. 如何合理放置调味料？

第六章

糊浆调制技术

学习目标

1. 了解糊浆的作用及粉料选择
2. 掌握糊浆的种类及调制方法
3. 掌握拍粉技术的种类及操作要求
4. 掌握芡汁的种类及调制方法，掌握勾芡的方法及要求

挂糊、上浆又叫着衣，就是给原料“穿衣戴帽”，是在经过刀工处理后的烹饪原料表面，挂裹上一层黏性的糊浆或粘拍上一层干淀粉，加热后使菜肴成品达到酥脆滑嫩或松软饱满的一项技术。挂糊、上浆的适用范围广泛，是烹调操作中一种不可缺少的专业技艺，其运用是否得当，直接影响菜肴成品的质量。

第一节　糊浆的作用与粉料选择

糊浆技术是指使用粉、蛋、水等原料在主料的外层均匀黏挂一层保护膜，在加热过程中能够对水分、风味物质和营养成分起到保护作用，这种保护膜的调制技术就是糊浆加工的主要内容。根据烹调具体要求及加工方法的不同，常见的保护措施分为挂糊、上浆、拍粉和勾芡等。挂糊、上浆、排粉的保护原理主要是利用淀粉糊化和蛋白质凝固形成保护壳从而起到保护作用。勾芡属于糊浆技术的范畴，其功能既有保护作用，又起到调和菜品质感、充分包裹等作用。

一、糊浆的作用

1. 保持原料中的水分、鲜味和质地

因为烹调方法的多样性，一部分菜肴在烹制的过程中需用旺火、高油温进行加热，如果不进行挂糊、上浆，这些原料内部的水分就会在短时间内被蒸发掉。同时，原料内部固有的鲜味随着水分外溢，其质地也会变硬。例如，里脊肉挂糊炸制比清炸后水分保持率高 18% ~ 56%，鸡脯肉高 15% ~ 30%，鱼肉高 34% ~ 41%。这是因为通过挂糊上浆后，糊浆内的淀粉吸水糊化，蛋白质变性凝固，在原料表面形成一层保护膜，使原料表面不直接接触高油温，最大限度地保护了原料内部的水分，从而保持原料自身的鲜味和质地，达到脆、松、酥、软滑的目的。

2. 保持原料形态，增加菜肴色泽，形成丰富的口感

部分烹饪原料经过刀工处理后，因其体积小，在烹制过程中容易碎裂、卷缩、干

瘪变形。通过挂糊、上浆，可增强原料的韧性，保持原料的形状，使之饱满润泽；同时，因淀粉在高温下的焦糖化反应，形成外酥脆里软嫩的口感，也能改变原料原有的颜色，增加菜肴的色泽。

3. 增加菜肴的营养

烹饪原料在经高温处理后，由于水分的蒸发，导致部分水溶性营养成分的流失，降低了菜肴的营养价值。经挂糊、上浆后，对水分、蛋白质、脂肪、维生素等营养成分均有一定程度的保护作用；同时糊、浆本身也含有不同的营养素，从而增加了菜肴的营养。

4. 扩大菜肴的品种，创新菜肴

对于一些特殊原料，因其原料特性不宜直接炸制成菜，挂糊后，经加热可制成风味独特的菜肴，如"拔丝冰激凌"等。同一种原料因挂糊种类不同可表现出不同的风味，这是菜肴创新的途径之一。如烹调中常用的里脊肉，挂蛋黄糊炸制后可制成“软炸里脊”，挂全蛋糊后可制成“椒盐里脊”，挂脆皮糊后则可制成“脆皮里脊”。

二、糊浆的粉料选择

在挂糊、上浆所用的原料中，粉料即淀粉的选择十分重要。淀粉的种类不同，其结构紧密程度不同，使其糊化的难易程度也不同，因此对挂糊、上浆的质量产生直接影响。影响淀粉糊化的因素不仅有淀粉的种类，还包括淀粉颗粒的大小。颗粒大、结构疏松的淀粉容易糊化，所需糊化温度也相对较低。在挂糊、上浆的过程中需要根据不同菜品的成菜特点，合理选择使用粉料。常用的淀粉及其特性如下：

1. 绿豆淀粉

绿豆淀粉含直链淀粉较多，约为 60% 以上，淀粉颗粒小而均匀，是所有淀粉中质地最为细腻的一种，且不容易吸水，常做成绿豆粉丝，丝条细且劲道，是其他淀粉不可比及的。绿豆淀粉热黏度高，稳定性和透明性均较好，菜肴制作中，需要勾出透明亮芡的“芙蓉鸡片”“滑熘鱼片”或者“西湖龙井虾仁”等菜品，必须用绿豆淀粉才能达到较好的效果。绿豆粉皮的质量较好，并且绿豆淀粉宜用作勾芡。

2. 土豆淀粉

土豆淀粉颗粒较大，为卵圆形，直链淀粉含量为 25% 左右，糊化温度较低，为 60 ℃左右，糊化速度快且能很快达到最大黏度，可降低高温引起的风味与营养物质的流失，且透明度高，在一般菜肴制作中使用土豆淀粉挂糊、上浆较多。用土豆淀粉还可做出小吃“土豆粉”，但易发生老化而降低口感，故使用不多。

3. 玉米淀粉

玉米淀粉是烹调中使用最普遍的一种淀粉。其颗粒小、不均匀，直链淀粉含量约为 25%，糊化温度为 66 ~ 72 ℃，糊化过程较慢，糊化热黏度上升缓慢，透明性差，但凝胶强度好。烹调中经油炸后口感比较酥脆，因此需要有酥皮的菜肴通常使用玉米淀粉来挂糊。在滑炒、滑熘、氽、爆等烹调技法中，禽类原料的细嫩部位、家畜类原料以及水产等都适合使用玉米淀粉来上浆，从而使烹调出来的菜品具有爽滑的口感。同时，玉米淀粉也适合勾芡，使用中宜高温使其充分糊化，以提高黏度和透明度。

4. 红薯淀粉

红薯淀粉色泽较深，颗粒粗糙，糊化后口感比较黏，一般不会用于勾芡。它的特点是吸水性比较好，易糊化且糊化之后筋度较好，主要用于加工粉条、粉皮等；上浆后虽然颜色不及其他淀粉洁白，但焯水后口感滑嫩，透明度也不错，可用于猪肉片、鱼片等上浆；做拍粉用时，油炸后不形成酥脆的口感，用于炖菜、砂锅等使用韧性较好，久煮不烂、食用时口感筋爽，耐咀嚼。

5. 小麦淀粉

小麦淀粉又称为澄粉，色白但光泽性差，勾芡后容易沉淀。一般用于点心制作，如水晶虾饺等。

6. 糯米淀粉

糯米淀粉几乎不含直链淀粉，不易老化，易吸水膨胀，也比较容易糊化，黏性较强，可用作汤圆、年糕等食品。

7. 木薯淀粉

木薯是世界三大薯类之一，其淀粉是木薯经过淀粉提取后脱水干燥而成的粉末。其色白、无味，遇水加热煮熟后呈透明状，口感弹性足，一般用作甜品，如蛋糕布丁、芋圆、西米、东北大拉皮等。

8. 葛根淀粉

葛根淀粉由葛根提取而来，颜色稍黄，颗粒较小，直链淀粉含量为 19.8%，糊化温度范围为 57.5 ~ 64.7 ℃。其凝固性、沉淀性较玉米淀粉弱，冷糊黏度和稳定性均较好。葛根淀粉不溶于冷水，在热水中溶胀，蒸煮后黏性大，因含有生物类黄酮物质，具有一定的保健功能，可尝试在菜肴创新中用于勾芡等用途。

9. 其他淀粉

如豌豆粉、菱角粉、藕粉等，根据其特性不同，在烹饪中可制作成特殊风味的食品。

挂糊、上浆时宜选用糊化速度快、糊化黏度上升快的淀粉。实践证明，玉米淀粉最适合作为上浆和挂糊的原料。

第二节 挂糊、上浆技术

一、挂糊与上浆的区别

挂糊、上浆在所用原料和所起作用上有其相同的方面，但在制作过程和适用的烹调方法上有一定的区别。

1. 挂糊

在一般情况下，挂糊是先将制糊原料调制成半流体，再把烹饪原料放入糊中拌匀，然后进行烹调。用这种方法，挂裹在原料表面的糊较厚，适用于炸、熘、煎、贴等烹调方法。挂糊的方法如下：

（1）准备干淀粉、鸡蛋和面粉，如图 6-1 所示。

（2）将鸡蛋搅拌均匀成鸡蛋液，如图 6-2 所示。

图 6-1　准备干淀粉、鸡蛋和面粉

图 6-2　将鸡蛋搅拌均匀成鸡蛋液

（3）将适量干淀粉、面粉倒入鸡蛋液中，如图 6–3 所示。

（4）搅拌均匀成糊状，如图 6–4 所示。

图 6–3　将适量干淀粉、面粉倒入鸡蛋液中

图 6–4　搅拌均匀成糊状

（5）将原料在拌好的糊中拖过，使原料表面挂糊均匀，如图 6–5 所示，然后再进行烹调。

图 6–5　挂糊

2. 上浆

上浆是将制浆原料和调味料等直接加在烹饪原料上一起搅拌，使其均匀地粘裹在烹饪原料表面，形成一层较薄的保护层。上浆适用于炒、爆等旺火速成的烹调方法。上浆的方法如下：

（1）准备鸡蛋、干淀粉和待上浆原料，如图 6–6 所示。

图 6–6　准备鸡蛋、干淀粉和待上浆原料

（2）将鸡蛋搅拌均匀成鸡蛋液，如图 6–7 所示。

（3）将适量鸡蛋液缓缓倒入待上浆原料中，并搅拌均匀，如图 6–8 所示。

（4）将适量干淀粉加入蛋液拌匀的原料中，如图 6–9 所示。

（5）再次搅拌均匀，即完成上浆，如图 6–10 所示。

图 6–7　将鸡蛋搅拌均匀成鸡蛋液

图 6–8　将适量鸡蛋液缓缓倒入待上浆原料并搅拌均匀

图 6–9　将适量干淀粉加入蛋液拌匀的原料中

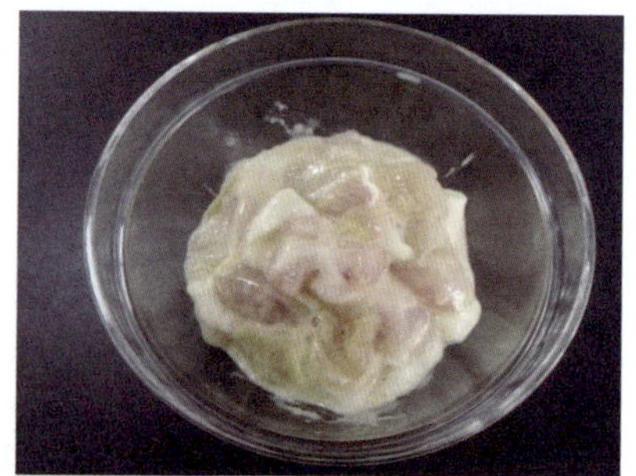

图 6–10　再次搅拌均匀，完成上浆

二、常见糊浆的调制

根据糊浆的制作方法不同和其适用烹调方法的不同，常用的糊浆原料有鸡蛋、淀粉、面粉、米粉、发酵粉、小苏打、嫩肉粉、面包糠等。

1. 糊的种类及调制

糊的种类及调制见表 6–1。

表 6–1　糊的种类及调制

种类	用料构成	调制方法	用料比例	适用范围	过油后制品的特点
水粉糊	淀粉、冷水	先用适量的冷水将淀粉澥开，再加入适量的冷水调制成较为浓稠的糊状	淀粉与冷水的用量约为 2∶1	多用于厚片、块或整型料，以炸、焦熘为主	外焦脆，里软嫩，色金黄

续表

种类	用料构成	调制方法	用料比例	适用范围	过油后制品的特点
蛋清糊	鸡蛋清、淀粉（或面粉）、冷水	打散的鸡蛋清加入淀粉（或面粉），搅拌均匀	鸡蛋清与淀粉（或面粉）的用量为1∶1	多用于条、块的炸、拔丝等方法	质地松软，呈淡黄色
蛋黄糊	淀粉（或面粉）、鸡蛋黄、冷水	用淀粉（或面粉）、鸡蛋黄加适量冷水调制而成	鸡蛋黄与淀粉（或面粉）的用量为1∶1	多用于炸、焦熘类菜肴	外层酥脆香，里软嫩
全蛋糊	淀粉（或面粉）、全蛋液	打散全蛋液，加入淀粉（或面粉），搅拌均匀即可，切忌搅拌上劲	全蛋液与淀粉（或面粉）的用量为1∶1	多用于炸、炸熘类菜肴	外酥脆，内松嫩、色金黄
蛋泡糊	淀粉（或面粉）、鸡蛋清	用蛋抽子(或筷子）将蛋清抽打成泡沫状态（立一支筷子而不倒），然后加入淀粉（或面粉）或兼而有之，调和均匀即成	鸡蛋清与淀粉（或面粉）的用量为2∶1	多用于鲜嫩、软嫩、柔软的原料，料型为丁、条、片、球、块等，多用于松炸类菜肴	外形饱满，质地松软，色泽乳白
发粉糊	面粉、冷水、发酵粉	面粉中先加少许冷水搅匀，再加适量冷水继续将粉糊澥开，然后放入发酵粉拌匀静置20分钟即可	面粉350克，冷水450克，发酵粉15克	多用于炸类菜肴	涨发饱满，松而带香，色泽淡黄

续表

种类	用料构成		调制方法	用料比例	适用范围	过油后制品的特点
脆皮糊	用老酵母	面粉、淀粉、老酵母、油脂、精盐、食用碱面水等	老酵母加水瀣开，放入面粉、淀粉和适量精盐搅拌均匀，静置3~4小时（视气候而定），使粉糊发酵，以粉糊中产生小气泡且带酸味为准。临用前20分钟放入碱面水加入油脂搅匀（根据气候掌握放入碱面水的时间和数量）	面粉380克，淀粉60克，老酵母70克，水500克，食用碱面水10克，适量精盐，油脂100克	适用于脆炸类菜肴	外松脆，内软嫩，色泽金黄
	用干酵母	面粉、淀粉、干酵母、油脂等	干酵母用少许水瀣开后，再加水、面粉、淀粉调成稀糊，静置25分钟左右进行发酵，待糊发起后加油脂调匀	面粉350克，淀粉150克，水500克，干酵母10克，油脂100克		

2. 浆的种类及调制

浆的种类及调制见表6–2。

表6–2　浆的种类及调制

种类	浆料构成	调制方法	用料比例	适用范围	制品特点
水粉浆	淀粉、水、精盐、料酒、味精等	将主料用调味料（精盐、料酒、味精）腌入味，再将水与淀粉调匀上浆。浆的浓度以裹住烹饪原料为宜	主料500克，干淀粉50克，加入适量冷水（应视原料含水量而定）	用于肉片、鸡丁、腰子、肝、肚等，多用于炒、爆、熘、氽等菜肴	质感滑嫩

续表

种类	浆料构成		调制方法	用料比例	适用范围	制品特点
蛋粉浆	蛋清浆	鸡蛋清、淀粉、精盐、料酒、味精等	先将主料用精盐、料酒、味精拌腌入味，再用鸡蛋清加湿淀粉调成浆，然后把用调料腌渍后的主料放入鸡蛋清粉浆中拌匀即可	主料500克，鸡蛋100克，淀粉50克	用于爆、炒、熘等菜肴	柔滑软嫩、色泽洁白
	全蛋浆	全蛋液、淀粉、精盐、料酒、味精等	与蛋清浆调制方法相同。全蛋浆需要更加充分地调和，以保证各种用料融为一体。用全蛋浆浆制质地较老韧的主配料时，宜加适量的泡打粉或小苏打	与蛋清浆用料基本相同	用于炒、爆、熘等菜肴及烹调后带色的菜肴	滑嫩、微带黄色
	蛋黄浆	水、精盐、料酒、蛋黄、淀粉等	与蛋清浆调制方法相同	与蛋清浆用料基本相同	用于炒、爆、熘等菜肴及烹调后带色的菜肴	滑嫩、呈黄色
特殊浆	苏打粉浆	鸡蛋清、淀粉、小苏打、水、精盐等	先把主料用小苏打、精盐、水等拖渍片刻，然后加入鸡蛋清、淀粉拌匀，浆好后静置一段时间再使用	主料500克，鸡蛋清50克，淀粉50克，小苏打3克，精盐2克，水适量	用于质地较老、肌纤维含量较多、韧性较强的原料，如牛肉、羊肉等。多用于炒、爆、熘等菜肴	鲜嫩滑润
	酱品粉浆	酱品（黄酱、面酱、辣酱等）或酱油、淀粉	将主料用调料（精盐、料酒、味精等）腌入味，再用酱品（黄酱、面酱、辣酱等）或酱油、淀粉调匀	主料250克，绍酒10克，黄酱30克，湿淀粉10克	用于炒、爆、熘等菜肴及烹调后要求是酱色的菜肴	滑嫩、呈酱色

三、挂糊、上浆的操作关键

1. 注意挂糊、上浆时间。宜现挂现烹。因为原料挂糊、上浆后，放置时间过长，会使糊、浆中水分损失，使糊、浆的硬度增加，影响菜肴质量。部分原料放置时间过长还会有血水渗出，污染糊、浆的颜色。

2. 根据烹调要求、原料性质等，灵活掌握糊、浆的稀稠。质地较嫩、新鲜的原料或经冷冻过的原料，糊、浆应稠一些；未经冷冻或含水量较少的原料，糊、浆应稀一些。

3. 制糊、浆时要搅拌均匀。挂糊、上浆时，应使糊、浆均匀地挂裹在原料表面，以免影响菜肴的外观和质量。

4. 下锅炸制时，应逐块下锅，防止粘连。下料动作要迅速，避免出现原料成熟度不一致、颜色不匀的现象，影响菜肴的质量和色泽。

第三节　拍粉技术

所谓拍粉，就是在原料表面黏附上一层干质粉粒，起保护和增香作用的一种方法。其保护的基本原理与挂糊、上浆一样，但它的粉料相当丰富，干淀粉、面包糠、芝麻、花生末、松仁末以及各种味型的香炸粉都可以作拍粉原料，所以在香味上比挂糊和上浆更加丰富。拍粉后的原料外表干燥，比较容易成型，比挂糊的菜品更加整齐、均匀。在选择拍粉的粉料时要注意粉料的口味，只能是咸味或无味的，如用糖，则油炸时会很快变焦、变黑。粉料本身应是干燥的粉粒状，潮湿的粉料不容易酥香，也不容易包裹均匀；颗粒过大则不易粘牢，加热后易脱落；整个的面包、饼干、花生等必须加工成粉粒状以后，才能作为拍粉的原料。拍粉根据具体操作要求分为辅助性拍粉和风味性拍粉两种类型。

一、辅助性拍粉

辅助性拍粉在行业中称为先拍粉后挂糊，就是在原料表面先拍上一层干淀粉，然后挂糊油炸或油煎。它主要用于一些水分含量较多、外表比较光滑的原料，为了防止脱糊，先用干粉起一个中介作用，使糊与原料黏合得更紧。还有一些原料直接拍上一层干淀粉，不再上浆或挂糊，拍粉后直炸制或油煎，但这不是成菜的最后工序，只是一种辅助性的加工方法，主要是起定形和防止黏结的作用。如“炸素脆鳝”“菊花鱼”等，主要作用是便于松散和起壳定形。辅助性拍粉要求现拍现炸，否则原料内部水分渗出，使粉料潮湿，下锅后不能散开而产生粘连。

二、风味性拍粉

风味性拍粉是拍粉技术的主要内容，即拍粉后经炸制或油煎直接成菜，形成拍粉菜品独特的松香风味。其方法是先在原料外表上浆或挂上一层薄糊，然后黏附各种粉料，这样既起保护作用也增加了原料的黏附性，使粉料油炸以后不易脱落，能整齐、均匀地黏附在原料表面。但原料的形状应为大片形或筒形，如面包猪排、芝麻鱼卷等。

风味性拍粉对油温有一定的要求，油温过低，粉料易脱落；油温过高，外焦、内不熟。一般初炸油温控制在 160 ℃左右，复炸温度在 190 ℃左右，温度低会因吸附过多油脂而影响口感。

<table>
<tr><th colspan="2">菜例　兰花大肠</th></tr>
<tr><td>主料：熟大肠 300 克
辅料：大葱 150 克，青尖椒、红尖椒各 20 克
调料：精盐 6 克，味精 2 克，绍酒 5 克，鸡蛋液 50 克，粉芡 50 克，面包糠 200 克，植物油 2.5 千克
</td><td>制作：
1. 大肠切段，用精盐、味精、绍酒腌制入味；青红尖椒切成细丝，酿入大葱中，再将葱穿入大肠中
2. 将大肠拍粉，拖蛋液，粘上面包糠；锅中添油，烧至七成热下入大肠，炸至呈柿黄色捞出，切成块，摆成兰花状即可</td></tr>
<tr><td colspan="2">特点：色泽金黄，形似兰花</td></tr>
</table>

1. 拍香粉类的粉料

常用香粉类的粉料有面包糠、面包丁、饼干末、椰蓉等。拍粉时，由于原料外表的黏性不足，需要拖一层蛋液增强黏性，保证粉料均匀地黏附于原料的表面。有时在拖蛋液前还要先拍一层干淀粉，目的是让原料在油炸时更平整。如图 6-11 所示菊花鱼等造型类菜肴制作时，原料剞花刀后、炸制成型前多需拍粉处理。

2. 拍干果类的粉料

常用干果类的粉料有芝麻、松子仁、桃仁、杏仁、花生仁、瓜子仁等。如图 6-12 所示炸虾排，拍粉时粘裹芝麻等，以增加风味。

图 6-11　菊花鱼

图 6-12　炸虾排

3. 拍丝形的特殊粉料

常用的丝形粉料有腐皮丝、细面条、糯米纸丝、土豆丝、芋头丝等。如图 6-13 所示金丝虾球即粘裹粉丝特殊粉料。

图 6-13　金丝虾球

第四节　勾芡技术

大部分中式菜肴在烹调制作过程中都需要进行勾芡。所谓勾芡，又称着腻、着芡、打芡，是在烹调制作的最后阶段借助淀粉在遇热糊化的情况下，具有吸水、黏附及光滑润洁的特点，在菜肴快熟时将调好的芡汁淋入锅内，使汤汁浓稠，增加汤汁对原料的附着力，改善菜肴光泽和味道的工艺过程。

勾芡是调制菜肴芡汁的重要工序，是烹调工艺的延续和补充。它不仅直接影响菜肴的口味，而且影响菜肴的色泽、质地、形状等。

一、勾芡的作用

1. 增加菜肴滋味

勾芡最大的目的是使菜肴汤汁变得浓稠，这种变化过程实际是淀粉受热糊化的过程。对于汤汁较多的汤羹类菜肴，主配料往往会游离于汤汁之中，使汤菜分家；芡汁受热糊化后，随着汤汁浓度的改变，使汤汁与原料能很好地交融在一起，既增加了菜肴的滋味，又增强了菜肴美感。

2. 增加菜肴色泽与光亮度

部分原料原有色泽不易改变，勾芡后，由于淀粉胶体溶液光洁润滑，具有一定透明度，加之淀粉本身具有的旋光性，糊化后这种特性更加明显，这就使菜肴呈现出不同的明亮色泽，光润鲜艳。同时，由于汤汁包裹于原料的外表，原料不致因水分蒸发或氧化而干瘪变色，可以在稍长时间内保持滑润美观。

3. 减少营养成分损失

菜肴在烹调过程中，原料内部的营养成分由于加热会溶于汤汁中。勾芡后，这些溶于汤中的营养成分，随着糊化的淀粉一起黏附在原料的表面，使汤汁中的营养成分得以充分利用，减少了原料营养成分的损失。

二、勾芡的质量标准

1. 均匀一致

勾芡后，汤汁应稀稠均匀，浓度一致，不能出现粉疙瘩现象。

2. 稀稠适度

芡汁的浓度应根据不同的烹调方法和具体的菜肴来确定，该用稠芡的则芡汁必须稠，该用薄芡的则芡汁必须稀，但不论哪一种芡汁，都要达到稀稠适度的标准。如果芡汁太稠，会口感发腻，影响菜肴形态；如果太稀，芡汁裹不住原料，也起不到勾芡的作用。

3. 数量适宜

勾芡数量的多少，应以菜肴的烹调方法来确定。如爆炒类烹调方法勾芡要少，要求芡汁紧紧包裹在原料上，盘底不留余汁。烧、扒类烹调方法勾芡应多，吃完菜肴后盘底要留有余汁。烩菜和汤、羹类菜肴勾芡则更多，以达到该类菜肴的质量标准。

三、芡汁的种类及调制

1. 芡汁的种类

芡汁的种类以芡汁的浓度和烹调方法来划分，主要有 4 种，见表 6–3。

表 6–3　　芡汁的种类

种类	芡汁浓度	烹调方法	目的	菜例
包芡	稠	爆、炒	使芡汁包裹在原料上	爆双脆、炒腰花
糊芡	略稠	烩、熘	把菜肴的汤汁变成糊状，使汤菜融合、口味滑柔	炒鳝糊
流芡	较稀	烧、扒	增加菜肴的滋味和光泽	红烧鱼、扒广肚
米汤芡	稀	烩	增加汤汁的浓度	酸辣汤

2. 芡汁的调制方法

芡汁因其适用的烹调方法不同，可分为单一芡汁和混合芡汁两种。调制方法和调制中的注意事项具体如下：

（1）单一芡汁。又称水粉芡，有些地方也称跑马芡。调制方法是将粉芡加水调制均匀即成。粉芡与水的比例一般为1∶5。这种芡汁的适用范围很广，主要用于烧、扒、焖等烹调方法。

调制单一芡汁的方法比较简单，但应注意在调制时要搅拌均匀，一般将干粉芡泡于水中，使其充分吸饱水分并沉淀于水下，待使用时，再将湿粉芡加水调匀。因粉芡在水中长时间浸泡会变酸，故必须勤换水或保存于冰箱中。

（2）混合芡汁。又称调味芡汁、兑汁芡、碗汁。其调制方法是在烹调前，先把菜肴所需的各种调味料和湿粉芡、水（或鲜汤）一起放入碗中调好。这种芡汁多用于爆、炒、熘等烹调方法。因为这类烹调方法多采用旺火速成，如果将各种调味品在菜肴加热过程中逐一下锅，势必影响操作速度，而且口味也不易调准。所以预先将制作菜肴所需的各种调味料及芡汁放在一起调匀，再一并投入就可以达到既快又好的要求。

调制此类芡汁应注意以下事项：

1）应掌握好芡汁的数量。混合芡汁的多少必须恰到好处，不可过多或过少。芡汁过多，淹没原料，影响菜肴美观；芡汁过少，挂裹不均匀，影响菜肴口味。

2）应掌握好芡汁的浓度。芡汁过稠，会使菜肴黏黏糊糊，口感发腻；芡汁过稀，则不能黏附在原料上，使菜肴淡而无味。

3）应调准芡汁的口味。混合芡汁一般都在正式烹调前调制，一定要将其口味调制准确，否则，爆炒菜肴时，倒入芡汁后要立刻出锅装盘，如口味不准则无法补救。

四、勾芡的方法及要求

1. 勾芡常用方法

（1）翻拌法。即通过翻锅或拌炒，使芡汁均匀地粘裹在原料上的方法，一般适用于爆、炒、熘等芡汁较少的菜肴。翻拌法有两种：一种是待锅内菜肴即将成熟时淋入芡汁，然后再翻锅或拌炒；另一种是先将调好的混合芡汁下入锅中，待其糊化后，再下入熟处理过的原料翻拌均匀。

（2）推搅法。多用于烩、烧等方法烹制的菜肴。由于此类方法烹制的菜肴汤汁较多，无法翻动，所以将芡汁淋入锅中后，用手勺推动或搅动，使其与汤汁原料融合。

（3）浇淋法。这是一种特殊的勾芡方法，即先将烹制好的原料盛入或摆入装盘，另起锅加入汤和调味料或用原汤汁，制成芡汁，浇淋在菜肴上。此法适用于体形较大或要保持形态的菜肴。

2. 勾芡的要求

（1）掌握好勾芡的时间，一般应在菜肴九成熟时进行。过早勾芡，会使芡汁发焦；过晚勾芡，会使菜肴受热时间延长，失去脆嫩的口味。

（2）勾芡时，菜肴中的油不能太多，因为油与芡不能融合，所以油多的菜肴，汤汁不容易粘裹在原料上，不能达到保鲜增亮的目的。

（3）菜肴汤汁要适当，汤汁过多或过少，会造成芡汁过稀或过稠，从而影响菜肴的质量和外形。

（4）菜肴在勾芡前，应先将口味、色泽调好，然后再淋入芡汁，这样才能保证菜肴的味美色艳。

思考与练习

1. 常用糊浆粉料有哪些？各具有哪些特点？
2. 简述挂糊、上浆的操作关键。
3. 简述拍粉的种类及操作要求。
4. 简述芡汁的调制方法。

第七章

菜肴的烹调方法

学习目标

1. 掌握热菜的各种烹调方法
2. 掌握挂霜、拔丝、蜜汁菜肴的烹调方法
3. 掌握冷菜的烹调方法

因我国地域广阔、气候多样、物产丰富、民族众多，中式菜肴在人们的长期生活实践中形成了众多的地方风味，这造就了中式烹饪的众多流派。不同风味流派中使用的烹调方法虽各有不同，但又具有共性，总体上包括热菜烹调法（如炸、炒、熘、爆、煎、贴、烧、烤等）和冷菜烹调方法（如炝、拌、卤、酱、酥等）。

第一节　热菜烹调方法概述

烹调方法是将经过初步加工和切配成型的原料通过加热和调味制成不同风味的菜肴的操作方法。热菜烹调工艺是中国烹调技艺的集中体现，是中式烹调技艺的核心，其一般工艺流程如图 7–1 所示。

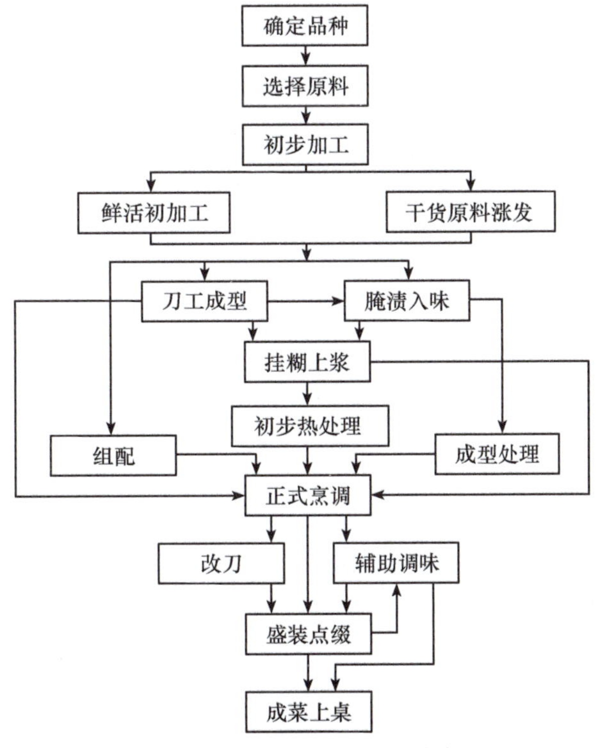

图 7–1　热菜烹调的一般工艺流程

我国是一个历史悠久、幅员辽阔、民族众多的国家，烹调原料取材广泛，各地菜肴的风味特点也不尽相同，经过历代厨师不断实践和创新，逐渐形成了众多烹调方法。根据主要传热介质的不同，热菜烹调方法可分为以油为传热介质的烹调方法、以水为传热介质的烹调方法、以蒸汽为传热介质的烹调方法、以固体材料为传热介质的烹调方法、以辐射为传热介质的烹调方法和特殊介质的烹调方法六种。热菜烹调方法如图 7–2 所示。

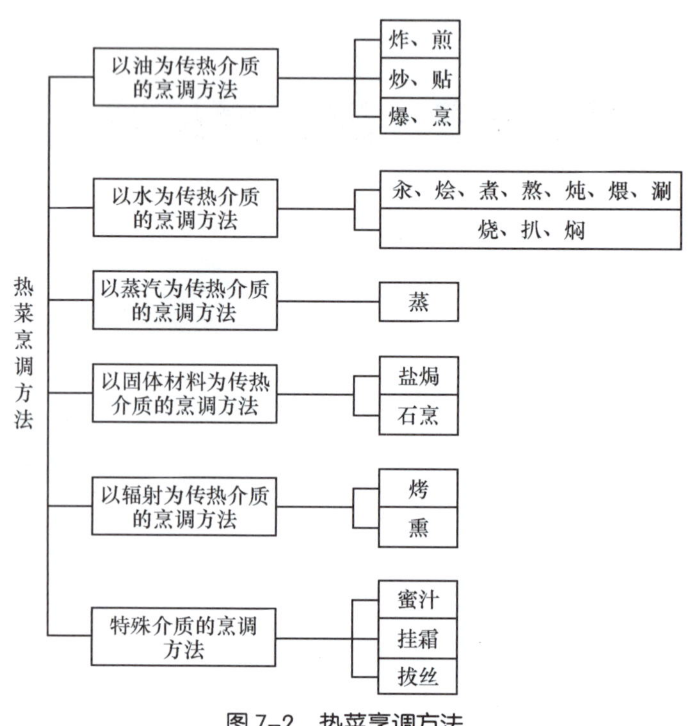

图 7–2　热菜烹调方法

第二节　炸、炒、熘、爆

一、炸

炸是将经过刀工处理的菜肴原料，通过调味、挂糊（或不挂糊）放入温度较高、数量较多的油中进行加热，使成品达到焦、脆、软、嫩或酥香等不同质感的烹调方法。

在炸制过程中，油既是传热介质，又起着去除原料异味、增加菜肴香味的作用。油炸方法因成品质量要求的不同也有区别，但其工艺流程基本相同。

根据菜肴成品特点，炸可分为清炸、干炸、软炸、酥炸、脆炸、香炸、松炸、卷包炸等几种。

1. 清炸

（1）定义。清炸是将经过刀工处理后的原料，不挂糊、不上浆，只用调味品码味腌渍后，直接用旺火热油加热成菜的一种烹调方法。

（2）工艺流程。

原料选择 → 初步加工 → 刀工处理 → 码味腌渍 → 油锅炸制 → 装盘

（3）注意事项。

1）清炸原料在码味腌渍时，一般不使用或少用含糖分和色泽较深的调味品，以防止加热后上色变黑。

2）整型原料炸熟后，要立即改刀装盘，及时上桌，以保证菜肴的质感及效果。

3）有些清炸菜品上桌时可附带调料配食。

（4）操作要点。

1）刀工处理力求大小一致，厚薄均匀，使原料成熟度一致。

2）码味均匀，入味后再炸制。

3）根据原料的老嫩程度和形状大小掌握好油温及火候。一般形态小的原料要用高油温炸两次或多次。形态大的原料开始用高温油炸，以保持其形态不变，继而转用温油炸制，以便原料成熟，最后再改用高油温炸制，使原料中多余的油分留在锅中。

4）清炸时的油量应多一些，应至少为原料的 4～5 倍。

（5）成品特点。本味浓郁，香脆鲜嫩，食味清香。

（6）菜品举例。

菜例 7-1　炸核桃腰

主料：猪腰 4 个（约 1 千克）

配料：小柸果 8 个（约 1.6 千克）

调料：干淀粉 10 克，全蛋液 20 克，葱段 30 克，姜片 20 克，精盐 6 克，味精 2 克，料酒 15 克，花椒盐 10 克，植物油 3 千克

制法：

（1）猪腰洗净，用刀从中片开，挖去腰臊，光面朝上剞十字花纹，切成块，加精盐、料酒、味精、葱段、姜片拌匀，静置 5 分钟

（2）猪腰搌干水分，挂少许蛋浆，下入热油锅中炸制腰块呈核桃形时捞出。待油八成热时，下锅复炸，出锅装盘，用刻成葵花状的小柸果点缀，跟花椒盐味碟上桌

特点：口感鲜嫩，形似核桃

（7）代表菜品。山东菜“清炸里脊”，四川菜“清炸猪排”等。

2. 干炸

（1）定义。干炸又称焦炸，是将主料经刀工处理后，用调味品拌渍，然后经拍粉或挂糊，投入油锅炸制成熟的一种烹调方法。

（2）工艺流程。

原料选择 → 刀工处理 → 码味腌渍 → 拍粉或挂糊 → 炸制成菜

（3）工艺分类区别。

1）拍粉干炸。即将加工好的主料码味后，拍干淀粉或面粉后炸制而成。

2）挂糊干炸。即将加工好的主料码味后，挂糊（一般为单一糊）后炸制而成。

3）制球丸干炸。即将原料加工成肉糜制品，再挤成球丸，直接用油炸制而成。

4）蒸后干炸。即将原料加工成肉糜制品，经过模具、包裹或直接蒸制定型成熟后，加工成小块再炸制的方法。

（4）注意事项。

1）拍粉和挂糊均不能太厚或太薄。太厚容易使成品口感发硬；太薄会使原料发老，影响嫩度。

2）拍粉要牢固，否则过油时易脱落在油中，油的杂质过多易变混浊，色泽变暗。

3）挂糊原料过油时，要待结壳后再将粘在一起的原料分散，未结壳即勉强将其分散会使原料脱糊，影响品质。

4）原料下锅时，必须逐块投入，以防粘连。

（5）操作要点。

1）原料在腌渍时，应拌至均匀入味后再拍粉或挂糊炸制。

2）拍粉要均匀，一般现拍现炸。下油锅时要抖去未粘牢的粉粒，以减少油锅中的粉渣。在复炸时，要将油锅中的粉渣去掉，以防止焦煳的粉渣吸附在菜肴的表面，影响色泽及口感。

3）挂糊要包裹原料，油锅温度适当高一些，使表面的糊快速凝固，以保证制品形态。

4）掌握好油温，对形大的原料要防止外焦里不熟的现象，对形小的原料要防止因炸制时间过长而产生口感“老”“柴”等现象。

5）菜肴上桌时，可配花椒盐等调味品佐食。

（6）成品特点。干香味浓，外表硬脆，色泽金黄，口味咸鲜。

（7）菜品举例。

菜例 7-2　干炸里脊

主料：猪里脊肉 300 克 调料：植物油 750 克，绍酒 5 克，干淀粉 50 克，味精 1 克，精盐 2 克，花椒盐 1 克 	制法： （1）将猪里脊肉去筋膜，横切成块状，用味精、绍酒、精盐腌渍入味，再用干淀粉拍裹均匀 （2）将植物油放入锅内，烧至约五成热时，把里脊块逐个放入锅中，炸至外表发硬时捞出。待油温上升至约七成热时，将里脊投入复炸、捞出，装入盘中，上撒花椒盐
特点：咸鲜干香，色泽淡黄	

（8）代表菜品。广东菜“干炸虾筒”，淮扬菜“干炸刀鱼”，北京菜“干炸墨鱼卷”等。

3. 软炸

（1）定义。软炸是将质嫩而形小的原料，先用调味品腌渍码味，再挂上蛋清糊、蛋黄糊或全蛋糊等软糊，投入温油锅中炸制成熟的一种烹调方法。

（2）工艺流程。

原料选择→刀工处理→码味腌渍→挂糊→低温炸制→装盘成菜

（3）注意事项。

1）软炸最好采用光泽好、回软快的花生油。有些地区采用大油，所用油脂要干净，保证色、香、味的效果。

2）投料下锅时，应逐块下入，防止粘连，若有粘连，用工具拨开。

3）菜品在最后淋芝麻油和撒花椒盐时，必须将锅内油倒尽后再进行。

（4）操作要点。

1）应选用质地鲜嫩、结缔组织少的原料，无骨、无皮、无异味。

2）原料一般在刀工成型时多为块、条、片等形态。

3）原料在码味过程中要搅拌上劲，含水量多的原料要尽量沥去水分，或用干布吸去多余水分。

4）若使用蛋清糊，原料需逐个挂糊，逐个入锅炸制，以保证形态美观。

5）油炸时油温不可过高，一般为六成以下，根据菜肴要求，掌握好原料的色泽及成熟度。

6）成品上桌时可随带番茄沙司、甜面酱或花椒盐，摆放方式有三种：一是放在菜品盘内边上，二是撒在菜品表面，三是另跟味碟或料碗。

（5）成品特点。色泽浅黄，口味清香，外表酥软，内里鲜嫩。

（6）菜品举例。

菜例 7-3　软炸鸡块

主料：鸡脯肉 200 克

辅料：鸡蛋清 2 个

调料：绍酒 2 克，面粉 3 克，花椒盐 2 克，精盐 1 克，味精 2 克，干淀粉少许，花生油 750 克

制法：

（1）将鸡脯肉洗净切成大小均匀的条，沥干水分，用绍酒、精盐、味精拌匀码味，撒上干淀粉

（2）用鸡蛋清和面粉调成蛋清糊，将鸡脯肉放入，拌和均匀

（3）花生油放入锅中，加热至五成热时，将裹好糊的鸡脯肉逐一投入锅中，炸至外表蛋清糊刚熟捞出。待油温回升至六成热时，将鸡脯肉下入炸至淡黄色时捞出，沥净油装入盘中，上桌时跟花椒盐碟

特点：外表微酥而松软，内层鲜嫩而味美，色泽淡黄

（7）代表菜品。北京菜“软炸大虾”，广东菜“软炸时蔬”，浙江菜“软炸鲈鱼柳”，四川菜“软炸鸡块”等。

4. 酥炸

（1）定义。酥炸是将制酥或蒸制的原料，经挂糊或拍粉（也有不挂糊、不拍粉的）后，放入油锅中炸制成菜的一种烹调方法。

（2）工艺流程。

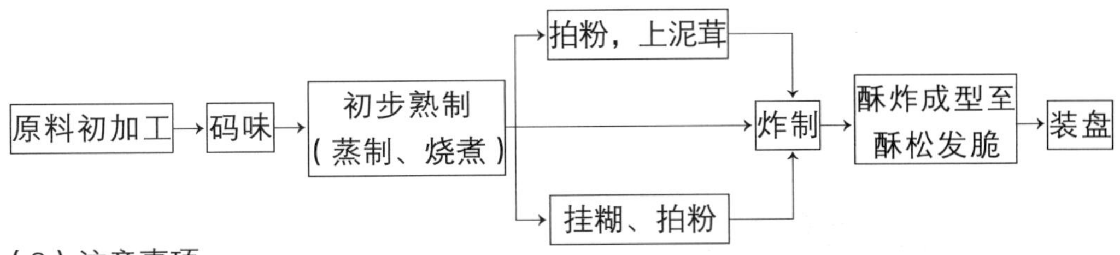

（3）注意事项。

1）肉类泥茸经搅拌后，可先进行试蒸，以保证原料细嫩度。

2）烧煮原料要掌握好半成品的成熟度，太生则不宜炸制成熟，太熟则易烂、易散，影响菜品外观形态。

3）蒸制原料在炸制前，应把葱、姜等调料去掉再挂糊，否则影响菜品口味。

4）无论在加热前码味还是在蒸煮过程中调味，都必须口味适当。

5）不用拍粉挂糊的原料，在炸制中要注意火候，不可将原料炸老，影响质感。

（4）操作要点。

1）酥炸菜肴有的需要去骨取肉，有的将原料加工成泥茸，还有的将去骨的肉上添加泥茸，再进行炸制。

2）一般来说，酥炸菜肴挂糊的都是出骨原料，不挂糊的大多是不出骨原料，而且原料外皮要完整。

3）酥炸多以质地细嫩新鲜的动物性原料为主，也可用经过蒸、煮等前期热处理制熟的整型、大块的动物性原料。

4）根据原料的性质，采取与其相适应的初步熟制的方法和调味方法。一般质老、体大的原料采用蒸酥，事先用调味品腌渍。质嫩、形小的原料采用煮酥，不用先进行码味，而是在煮制时加入调味品即可。

5）因原料经过蒸酥、煮酥等工艺很易散烂，炸制时要用漏勺托住缓缓入锅炸制。或先将适量的糊放在盘子上，然后在原料上涂抹一层糊，使其上下裹蘸均匀后，将主料徐徐送入油锅中，炸至菜品要求时，捞出即可。

6）酥炸菜肴时，油温一般都在五成热以上，炸至原料表面结壳上色，有的需要进行复炸。整形的菜肴需炸后立即改刀斩成条、块状，装盘时还原成型，及时上桌。

7）熟练掌握油温，要根据原料的数量及大小、挂糊拍粉的厚薄、火力的大小、油温的高低及油量的多少灵活运用。

（5）成品特点。色泽金黄或深黄，酥脆异常，脱骨肥嫩，香味浓郁。

（6）菜品举例。

菜例 7-4　香酥鸭	
主料：肥鸭 1 只（约 5 千克） 调料：葱、姜各 10 克，花椒盐 5 克，花椒 5 克，干淀粉少许，精盐 12 克，绍酒 25 克，植物油 2 千克 	制法： （1）将鸭子洗净，去翅尖和脚爪，用精盐、葱、姜、绍酒、花椒等在鸭身内外均匀抹涂，码味腌渍约 30 分钟后，上笼蒸至软熟取出，拣去调料，晾干水分后拍上干淀粉待用 （2）锅置火上下油，烧至七成热时，将鸭子入锅炸至皮酥脆、色金黄时捞出，沥尽油装入盘中（胸脯向上，也可斩块还原成型），跟花椒盐碟上桌
特点：色泽金黄，香酥肉软，鲜香味美	

（7）代表菜品。山东菜“炸仔盖”，清真菜“香酥羊肉”，河南菜“香酥鸡”，淮扬菜“桃仁鸭脯”等。

5. 脆炸

脆炸是一种较为广泛的称法，实际在行业中常用的有两种方法：一种是挂脆皮糊，另一种是直接炸制成脆皮。我们把这两种方法分别称为“脆糊炸”和“脆皮炸”。

（1）定义。脆糊炸是将经过加工处理后的原料用调味品腌渍，然后挂上脆皮糊入油锅炸制成熟的一种烹调方法。脆皮炸是将原料腌渍后，用沸水略烫一下原料表面，趁热将饴糖水或蜂蜜涂在表面上，晾干后再炸制的一种烹调方法。

（2）工艺流程。

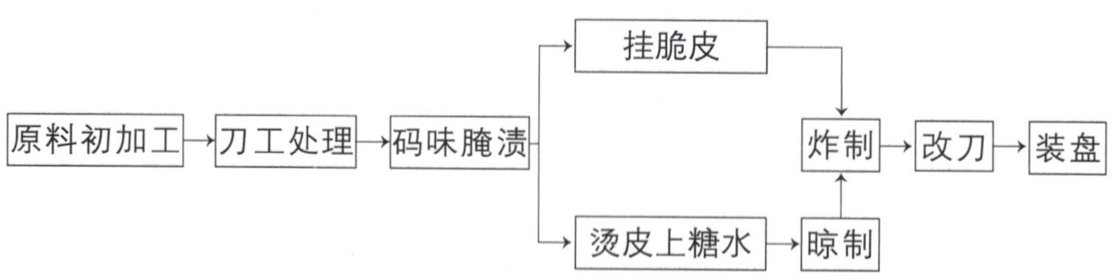

（3）注意事项。

1）脆糊炸大多选择质地鲜嫩、口感醇美、含水量丰富的无骨动物性原料，如鱼、贝、虾等。一般除新鲜菌类等鲜味充足的原料外，很少用于植物性原料。

2）脆糊炸在制糊时要掌握好比例及浓度，切勿将糊搅拌上劲，同时发酵粉不可放得过多，否则会产生涩味。

3）脆糊炸在炸制时通常分两次炸成：第一次是炸熟、定型；第二次是上色，使外表酥脆。注意不要将糊皮碰破，否则会造成灌油的现象。

4）脆皮炸在加工时切勿弄破外皮，否则易出现裂口现象。

5）主料在刷糖浆时应趁热，并涂抹均匀，以免炸时上色不匀。

6）风干时要挂在阴凉通风处。

7）油温应按照原料的性质、菜肴的特点灵活掌握。

（4）操作要点。

1）原料经刀工处理后要大小一致，长短相等、均匀。

2）原料要事先腌渍处理。

3）正确调制脆皮糊，灵活掌握糊的厚薄、浓度。

4）炸制时油温可控制在三四成热，复炸时可控制在五六成热。

5）原料下锅要防止粘连，动作要轻，防止破皮，油温宜低不宜高，油量宜多不宜少。

（5）成品特点。色泽金黄或枣红，质地外脆而内鲜，外表光润饱满。

（6）菜品举例。

菜例 7-5　脆皮鲜贝

主料：鲜贝 250 克

调料：精盐 2 克，绍酒 2 克，花椒盐 1 克，面粉 150 克，淀粉 50 克，发酵粉 3 克，植物油 1 千克，胡椒粉少许

制法：

（1）将鲜贝清洗干净，放入碗内，用绍酒、精盐、胡椒粉腌渍待用

（2）另取一大碗放入面粉、淀粉搅匀，放入适量清水，搅和成糊，再下入发酵粉搅和，最后加入油搅拌均匀成脆皮糊

（3）锅中倒入植物油，烧至三四成热时，将鲜干贝放入脆皮糊里拖裹均匀，下油锅炸至外皮饱满香脆、呈淡黄色时捞出，待油温升至五六成热时将干贝下锅复炸，变色捞出，装入盘中即可，上桌时跟花椒盐碟

特点：外壳香脆，内质鲜嫩

菜例 7-6　脆皮乳鸽

主料：乳鸽 4 只

调料：八角 5 克，丁香 6 克，甘草 6 克，草果 5 克，姜 7 克，花椒 6 克，桂皮 5 克，水 5 千克，精盐 150 克，白醋 5 克，饴糖 5 克，绍酒 15 克，淀粉 15 克，植物油 5 千克，淮盐 5 克

制法：

（1）将乳鸽侧开去内脏，斩去双脚，刺破眼珠，防止炸制时爆裂溅油

（2）将八角、丁香、甘草、草果、姜、花椒、桂皮包袋放入锅中，熬制约 1 小时，再加入精盐成卤汁，将乳鸽没入滚沸的卤水中浸熟入味

（3）将乳鸽钩起（在眼处），将饴糖、绍酒、白醋、淀粉等调成的稀糊均匀涂抹在乳鸽表面，然后挂在通风处，吹 1～2 小时，即可炸制

（4）锅中放入植物油，烧至六成热，将乳鸽下入，边炸边翻动，至全身棕红色时捞出

（5）炸好后改刀成鸽子形状，上桌时跟淮盐碟

特点：皮脆肉香，色泽红润

（7）代表菜品。广东菜“脆皮鸡”，江苏菜“脆皮鱼条”等。

6. 香炸

（1）定义。香炸是将刀工处理过的主料经过腌渍、拍粉、拖挂蛋液，再滚蘸上碎屑状物品（如面包丁、核桃花生、夏威夷果、腰果、松仁等）或粉粒状物品（如面包糠、馒头屑、芝麻等），然后用旺火热油炸制成熟的一种烹调方法。

（2）工艺流程。

原料初加工 → 刀工处理 → 腌渍码味 → 拍粉 → 拖挂蛋液 → 粘挂碎屑料品 → 炸制成菜 → 改刀（或不改刀）→ 装盘

（3）注意事项。

1）一般滚蘸面包糠的也称为“板炸”或“吉利”。

2）原料以片状形式炸制时，一定要在原料两边用刀点透，便于成熟入味，防止原料受热后卷曲。

3）滚蘸用的面包糠，应选用无味面包或咸面包，若使用甜面包糠则易使成品色泽发黑。

（4）操作要点。

1）根据菜肴成品要求，一般选用质细嫩、鲜味足的动物性原料，可加工成长条、大片、板状等形态。泥茸性原料加工成球丸或饼状。

2）原料腌渍时，根据其性质特点，投入与之相配合的调味品。若腥味较重，可适当投入胡椒粉以去其异味。

3）拍粉、拖蛋及滚蘸碎料都要均匀。最后滚蘸碎料要结实，可用手轻轻拍按，使其更结实地黏附在主料上。

4）如果纯蛋液较稠，可加入1/3蛋液量的凉水，以便均匀地包裹在主料表面。

5）灵活掌握油温，一般以五六成热为宜。

（5）成品特点。色泽金黄，外表松酥，香脆。

（6）菜品举例。

菜例 7-7 吉利鱼排

主料：净鱼肉500克

配料：面包糠100克

调料：料酒15克，精盐3克，干淀粉45克，植物油1千克，番茄沙司50克，鸡蛋2个，胡椒粉少许，味精1克，葱姜各适量

制法：

（1）将鱼肉平刀片成约0.5厘米厚的大片，用刀尖在上面点透，葱、姜切片，鸡蛋打入碗内调匀

（2）将鱼排用精盐、料酒、胡椒粉、味精、葱姜片腌渍后，拍上干淀粉，蘸鸡蛋液，拍上面包糠

（3）锅内放植物油，烧至六成热时，将生坯下入，炸至金黄色捞出沥油，改刀切成小块，整齐地装入盘中，上桌时配以番茄沙司佐食

特点：色泽金黄，外脆里嫩

（7）代表菜品。“珍珠鸡排”“吉利虾丸”“香炸丸子”“芝麻鱼排”等。

7. 松炸

（1）定义。松炸是将新鲜水果、泥状原料或质嫩形小的原料，经挂蛋泡糊，入中火低油温中，缓慢炸制成熟的一种烹调方法。

（2）工艺流程。

原料初加工 → 刀工处理 → 制蛋泡糊 → 原料码味（甜味菜不用码味）→ 逐个挂糊入锅 → 炸至上色 → 装盘

（3）注意事项。

1）松炸要求新鲜质嫩、无异味、无骨的原料。

2）原料码味宜清淡，夹馅要细嫩。

3）采用中火低油温下锅。

（4）操作要点。

1）原料炸制时要逐个挂糊，逐个入锅炸制。

2）要使用纯净的油脂炸制。

3）炸制时，原料定形后要用手勺不停翻动，使之受热均匀，达至色泽及成熟度一致。

（5）成品特点。外表涨发饱满，口感松嫩，色泽嫩黄。

（6）菜品举例。

菜例 7-8　凤尾虾

主料：大虾 20 只

调料：蛋清 6 个，干淀粉 25 克，葱、姜各 50 克，精盐 20 克，味精 15 克，料酒 15 克，植物油 1 千克

制法：

（1）将大虾用清水洗净，去头、身体部分表皮，留尾。将处理后的大虾放入容器内，加入葱、姜、精盐、料酒、味精浸渍 10 分钟，然后用 5 克干淀粉拌匀

（2）鸡蛋清放入盛器内，用打蛋器抽打成泡，然后加入干淀粉 20 克搅匀待用

（3）锅中加油，烧至三成热时，将原料挂上蛋泡糊，逐个入锅，轻翻动，至成熟成型，捞出装盘即可

特点：色泽金黄，外焦里嫩

（7）代表菜品。清真菜“炸羊尾”“松炸银鼠鱼”等。

8. 卷包炸

（1）定义。卷包炸是将加工成丝、条、片形或粒、泥状的无骨原料，用调味品拌匀，再用包卷皮料包裹或卷裹起来（有的进行挂糊），入油锅炸制成菜的一种烹调方法。

（2）工艺流程。

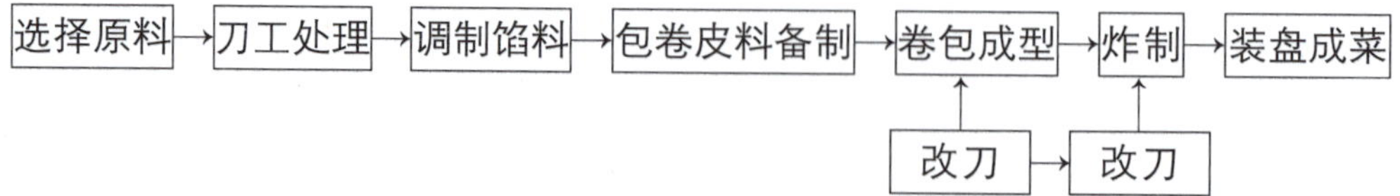

（3）注意事项。

1）用于包裹、卷裹的皮料分为可食与不可食两种。可食的一般有蛋皮、网油、腐皮、千张、面皮、糯米纸等。不可食的有无毒玻璃纸或木浆纸等。

2）包炸馅料以条、片、粒、茸形为主，卷炸馅料以丝、泥、末为宜。

3）卷包时，要将原料包裹均匀一致，大小统一。收口处以蛋液、清水或湿淀粉等粘牢，不能食用的皮料必须保证炸制时不浸油，食用时易解散。

（4）操作要点。

1）一般选用新鲜无骨、腥膻异味较少的、质地细嫩且滋味鲜美的原料。

2）纸包炸的原料要事先调味腌渍，馅料应根据所使用的皮料灵活掌握浓稠度。一般采用糯米纸包裹的原料要干稠一些，用玻璃纸包裹的原料可稍稀一些。

3）包裹原料时，为了便于操作，通常可撒上少许干淀粉，便于润滑和增加黏性。

4）一般用猪网油包裹时，可事先用料酒、盐、胡椒粉处理后再使用。

5）原料炸制后一定要将内部的油分控净，否则影响质感。

（5）成品特点。形状美观，外皮酥脆，内部鲜嫩。

（6）菜品举例。

菜例 7-9　卷筒虾蟹

主料：网油 2 张，虾仁 300 克，熟蟹肉 50 克

配料：熟肥膘 50 克，鸡蛋 2 个

调料：精盐 2 克，味精 1 克，绍酒 2 克，胡椒粉 0.5 克，干淀粉 25 克，面粉 50 克，植物油 1 千克

制法：

（1）网油洗净后吸干水分，用刀拍较厚处的网油，使之平整，用刀截成长 18 厘米、宽 9 厘米的大张，然后淋上少许绍酒，再撒上适量干淀粉待用

（2）将虾仁洗净吸干水分，斩成虾茸，肥膘也斩成泥。将虾茸、肥膘泥放入碗中，打入一个鸡蛋，加精盐、绍酒、味精、胡椒粉拌上劲，再将其与熟蟹肉一起放在猪网油上，顺长卷成虾蟹筒生胚

（3）将干淀粉、面粉放入碗中，打入一个鸡蛋，再加入少许水，和匀制成全蛋糊

（4）炒锅置火上，加入植物油，待油温至六成热时，把网油卷放入糊中拖裹均匀，投入油锅中，用小火炸至成熟后捞出，待油温七成热时，再下入复炸后捞出，改刀盛入盘中即可

特点：外表黄亮酥脆，卷内虾蟹洁白鲜嫩

菜例 7-10　纸包三鲜

主料：鲜大虾肉 150 克，海参 150 克，鸡脯肉 15 克，冬菇 15 克，冬笋 15 克，玻璃纸 24 张

调料：葱末 15 克，姜末 15 克，精盐 4 克，鸡蛋 2 个，绍酒 20 克，味精 3 克，芝麻油 25 克，花生油 1 千克

制法：

（1）将虾洗净，去虾肠，切成小坡刀片，海参、鸡脯肉、冬菇、冬笋均切成小象眼片

（2）将切好的原料放入碗内，加蛋清、葱姜末、精盐、味精、绍酒、芝麻油搅拌均匀，腌渍入味

（3）把玻璃纸平铺在菜墩上，上面均匀抹上一层油，再放进调好的馅料，叠包成长 6 厘米、宽 3 厘米的纸包 24 块待用

（4）炒锅内放入花生油，烧至四五成热时，将卷包逐个放入油锅内，炸至变色成熟捞出，控油后整齐地摆入盘内即成。可加以适当的盘饰美化

特点：成菜造型美观，鲜嫩爽口，原汁原味

（7）代表菜品。山东菜“纸包三鲜”，江苏菜“卷筒虾蟹”，淮扬菜“网油鸭卷”，四川菜“腐皮虾卷”等。

9. 油淋、油浸、油泼

这三种烹调方法工艺流程相似，根据油温和采用原料的不同又各有特点。

（1）定义。油淋是将加工后的原料经调味腌渍后，边炸制边用手勺舀热油淋浇在原料上使之成熟的一种烹调方法。

油浸是将鲜活质嫩的原料经加工后，放入温油锅中，用小火温油慢慢将原料浸泡成熟的一种烹调方法。

油泼是将鲜嫩和小型的原料经调味品腌渍后，放在漏勺里，再待油烧到冒青烟时，用勺将热油均匀泼洒在原料上，使之快速成熟的一种烹调方法。

（2）工艺流程。

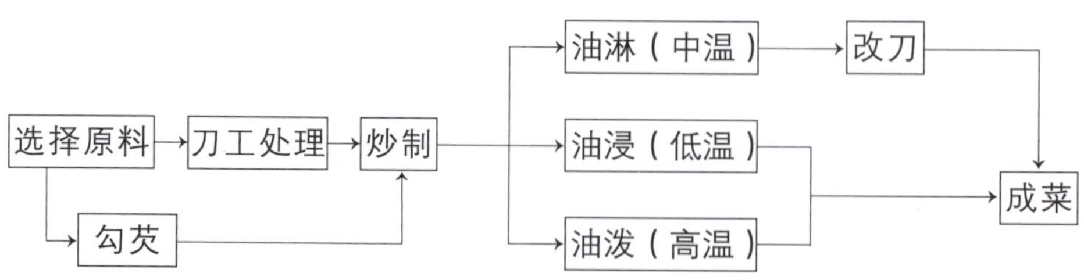

（3）注意事项。

1）油淋的原料一要质嫩，二要形状完整，三要表皮完整。原料腌渍时要入味。

2）油浸原料要鲜活、质嫩、形状完整，有时需腌渍，有时无须腌渍。

3）油泼的原料一般要鲜嫩、形小、质嫩，需要腌渍入味。

（4）操作要点。

1）油淋原料一般油温控制在六七成热，油浸温度控制在三四成热以内，油泼的油温在八九成热以上。

2）油淋的菜肴断生即可，其目的是保证质量，减少原料内部水分的流失，这也是区别于清炸之处。

3）凡油浸的原料加工要得当，要做到形体完整，色泽白净。

（5）成品特点。

油淋：色泽红亮，外皮香脆。

油浸：鲜嫩柔软，保持本身色泽。

油泼：爽嫩鲜脆，清香适口。

（6）菜品举例。

菜例 7-11　油淋仔鸡

主料：活仔鸡 1 只（约 900 克）

调料：绍酒 25 克，香醋 10 克，酱油 30 克，味精 1 克，精盐 6 克，丁香 4 粒，葱 5 克，香油 25 克，姜 3 克，白胡椒粉 0.5 克，辣酱油 25 克，绵白糖 25 克，鸡清汤 200 克，植物油 1 千克

制法：

（1）将活仔鸡宰杀烫去毛，从脊背剖开，取出内脏，抽去气管、食道，斩去脚爪，洗净后搌干水分，在鸡的内腹部排刀，斩断脚骨，不能破皮，另将葱切段，姜切成片

（2）把鸡放入盛器中，用精盐、丁香、葱、姜、料酒等腌渍待用

（3）取碗一个，放入酱油、辣酱油、绵白糖、味精、香醋、白胡椒粉、鸡清汤、香油调成汁

（4）锅内添油，将腌好的仔鸡投入锅中，以温油把鸡炸至断生捞起，再用旺火把油烧至八成热，然后一只手持叉，另一只手持勺，用热油浇遍鸡身，至鸡皮金黄香脆，再捞出沥油，且斩成鸡形装盘

（5）原锅倒去油置旺火上，倒入事先兑成的汁，烧沸起锅浇在鸡上即成

特点：色金黄，皮香脆，肉鲜嫩，汁成醇，咸甜酸辣四味俱全

菜例 7-12 油浸鳜鱼

主料：新鲜鳜鱼 1 尾（750 克）

配料：鲜柠檬 2 个挤成汁，葱姜各 15 克

调料：绍酒 10 克，白糖 5 克，植物油 5 千克，辣酱油 40 克，精盐 2 克，味精 1 克

制法：

（1）将鳜鱼去鳞鳃，从口中插入竹筷，然后掏出内脏洗净，把葱、姜切成丝待用

（2）炒锅上火放入油，烧至四成热时放入鳜鱼，并保持油温温度约 15 分钟，用小刀在鱼脊戳一下，没有血水即可捞出装盘

（3）另用炒锅一口，将辣酱油、绍酒、白糖、精盐、味精、柠檬汁调成汁浇在鱼身上，再将葱、姜丝放在鱼身上，用少许沸油浇在葱、姜丝上即可

特点：肉质鲜嫩，色泽美观，咸中带酸，美味可口

菜例 7-13 油泼豆芽

主料：绿豆芽 350 克

配料：青、红椒 25 克

调料：精盐 3 克，味精 2 克，植物油 1 千克

制法：

（1）将绿豆芽清洗干净，掐去两头，青、红椒切丝

（2）将绿豆芽，青、红椒丝放入容器中，用精盐和味精码味

（3）锅中添入植物油，烧至八成热时，将豆芽放入笊篱中，用手勺在锅中盛油泼在豆芽上，见豆芽稍软，即可盛盘

特点：清爽利口，极为鲜嫩

（7）代表菜品。江苏菜“油淋仔鸡”，河南菜“油浸鱼”，四川菜“油泼凤尾”等。

二、炒

炒是中国传统烹调中最常用的一种方法，人们常把“炒菜”作为烹饪行业和中国

菜式的代名词。在北方，人们把“做饭”和“炒菜”两个词互为通用，甚至把厨师统称为“炒菜的”。其实，炒只是众多烹调方法中比较突出的一种。

炒是将经过加工的鲜嫩小型的原料，以中油量或小油量，用旺火或中火在短时间里加热调味成菜的一种烹调方法。

炒的特殊性在于其四个基本要素：一是油量少，一般只要使原料表面裹上油即可；二是油温较高，一般在四成至八成热之间投入原料；三是主料形状小，如丝、丁、片等；四是加热时间短，翻炒菜肴速度快。

炒制工艺的一般流程为：

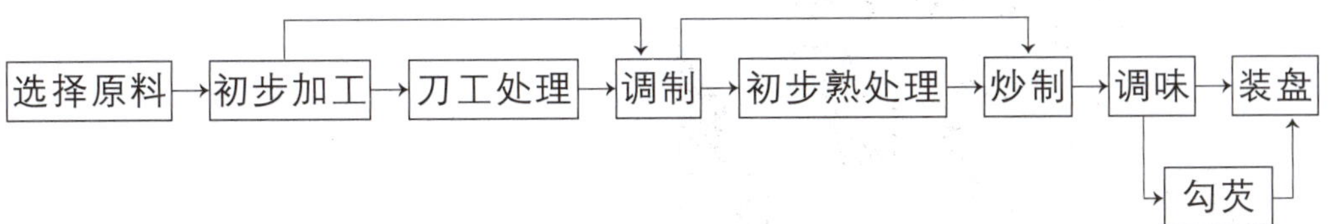

根据菜肴烹调方法、用料和成品特点的不同，炒一般分为生炒、熟炒、干炒、软炒、滑炒等几种，有些地区还有抓炒、水炒等。

1. 生炒

（1）定义。生炒又称生煸，是将切配加工成丁、片、丝、条等形状的小型原料，不经上浆或挂糊，直接放入少量热油锅中，利用旺火快速炒制成熟的一种烹调方法。

（2）工艺流程。

原料初加工→切配→热锅用油滑锅→烧至五六成热→投入原料煸散→添加调味品→炒至断生→勾芡→出锅装盘

（3）注意事项。

1）需要勾芡的菜肴，要根据原料烹制菜汁渗出的多少，掌握芡汁的稀稠程度。

2）生炒过程中，要旺火速成，但不可炒焦粘锅，根据不同原料的成熟程度及时颠翻出锅。

（4）操作要点。

1）一般生炒菜肴保持旺火，高温快炒，使菜肴色鲜脆嫩。

2）不同性质的原料合炒时，要根据其质地、耐热程度，准确掌握下料的顺序和投放时机。

3）动作要快速，下料集中，翻炒均匀，使原料受热一致又渗透入味，并迅速成菜。

（5）成品特点。鲜嫩汁少，干香爽脆。

（6）菜品举例。

菜例 7-14　荠菜炒冬笋

主料：荠菜 200 克，冬笋 250 克

调料：葱姜丝 50 克，味精 2 克，精盐 3 克，香油 5 克，清汤 25 克，花生油 40 克

制法：

（1）将荠菜择掉须根洗净，入热水中焯一下，挤去水分，将冬笋切成长 4 厘米、宽 1 厘米、厚 0.2 厘米的长片，入热水中汆过后捞入凉水中浸泡待用

（2）炒锅内加入少许花生油用旺火烧热，下入葱姜丝爆锅，再放入荠菜、冬笋煸炒，然后加精盐、清汤、味精煸炒入味，起锅淋上香油装盘即成

特点：清淡爽口，绿白相映

2. 熟炒

（1）定义。熟炒是将经过初步处理的半熟或全熟的原料，加工成片、丝、条等形状，不上浆、码味，用中火、少量油，加调料炒制成熟的一种烹调方法。

（2）工艺流程。

原料选择 → 初步加工 → 初步熟处理 → 刀工切配 → 滑锅下料 → 炒制 → 装盘

（3）注意事项。

1）若菜肴中使用面酱、豆豉、豆瓣酱等调味品时，必须炒出香味，以保证菜肴的质量要求。

2）有些菜肴需勾少许芡汁，使菜肴略带汤汁，有些菜肴则不需要勾芡。

3）菜肴在使用一些不易迅速成熟的辅料时，也可进行初步熟处理。

（4）操作要点。

1）原料在初步熟处理时应根据原料的不同性质、菜肴的质量标准，掌握不同的成熟度。

2）熟炒在调味上一般多用豆瓣酱、甜面酱、黄酱等酱类为主的调味品，以增加特有的芳香气味，在配料上也多选择芳香气味较浓郁的蔬菜，如青蒜、蒜薹、芹菜、大葱、洋葱等。

3）熟炒一般多以中火为主，若原料数量较多，也可用旺火，油温一般控制在五六成热为宜，炒制时油不能加得太多，反复翻炒至香味透出，及时出锅装盘。

（5）成品特点。汁浓味厚，鲜香可口。

（6）菜品举例。

菜例 7-15　回锅肉

主料：带皮后腿肉 400 克

配料：青蒜苗 75 克

调料：郫县豆瓣酱 50 克，甜面酱 10 克，白糖 3 克，酱油 10 克，精盐 2 克，植物油 40 克

制法：

（1）将猪肥瘦相连的后腿肉刮洗干净，放入汤锅中煮至肉熟皮软，晾透后切成 5 厘米长、4 厘米宽、0.2 厘米厚的片，青蒜苗洗净，切成 3 厘米长的斜刀段

（2）炒锅置火上，下入植物油滑锅，烧至五成热时，下肉片炒至吐油，肉片受热卷曲时烹入料酒，再放入剁碎的郫县豆瓣酱同炒至上色，放入甜面酱炒出香味，加入酱油、白糖、精盐炒匀入味，最后再放入青蒜苗翻锅炒至断生时出锅装盘即可

特点：香味浓郁，肥糯适口，微辣回甜，色红油亮

（7）代表菜品。山东菜“炒樱桃肉”，河南菜“炒鳝糊”，江苏菜“炒蟹粉”，北京菜“炒肚片”等。

3. 干炒

（1）定义。干炒又称干煸，是将原料加工成一定的形状，用少量热油和中小火较长时间翻炒原料，将原料内部水分煸干，使调味汁充分渗入原料内部的一种烹调方法。

（2）工艺流程。

选择原料→刀工处理→腌渍入味→起油滑锅→投入原料→炒干水分→装盘

（3）注意事项。

1）干炒的原料不上浆，不挂糊，不勾芡。

2）干炒过程中，更多依靠铁锅传热，油起到润滑、增香等作用，注意温度的掌握。

3）原料在干炒前一般要经过码味的过程，使原料滋味更丰富。

（4）操作要点。

1）油量要适度，油过多则会使原料干硬，油过少则原料内部的水分不易煸干。

2）菜肴在烹制中出水，应当使水分煸干后才可装盘成菜。

3）正确运用火候，干炒时所用火力应先大后小。火力过大，原料内部水分来不及蒸发，会形成外焦内不透的现象；火力过小，原料水分不能大量蒸发，会韧而不酥。

（5）成品特点。干香酥脆，见油不见汁，多为深红色。

（6）菜品举例。

菜例 7-16　干煸牛肉丝

主料：牛肉 300 克

配料：蒜薹 25 克，姜 15 克

调料：郫县豆瓣酱 25 克，花椒面 1 克，精盐 1 克，酱油 10 克，植物油 150 克

制法：

（1）将牛肉切成长 8 厘米、粗 0.3 厘米的丝，蒜薹切长 4 厘米的段，姜切丝

（2）炒锅置火上，倒入植物油 100 克，烧至七成热时下入切好的牛肉丝，反复煸炒至水分将干时，下入剁碎的郫县豆瓣酱、姜丝、精盐继续煸炒，边炒边下入余下的植物油，煸至牛肉丝水分散尽酥脆时，下入酱油和蒜薹继续煸炒，至蒜薹断生时起锅装盘，撒上花椒面即可

特点：色泽红亮，干香味厚

（7）代表菜品。“干煸鱿鱼”“干煸冬笋”“干煸鳝丝”等。

4. 软炒

（1）定义。软炒是将经加工成流体、泥状、颗粒的半成品原料，先用调味品、鸡蛋、淀粉等调成泥状或半流体，再用中小火热油迅速翻炒，使之凝结成菜，或经滑油再炒制成菜的一种烹调方法。

（2）工艺流程。

选择原料 → 原料加工 → 组合调制 → 滑锅过油或直接推炒均匀 → 软炒成菜 → 装盘

（3）注意事项。

1）香甜味软炒菜肴，一定要待原料酥香料软后，再按菜肴要求加入白糖和油脂，待甜味和油脂完全融合后，及时出锅，菜品才会有甜香、酥香、油润的效果。千万不能使白糖焦化变色，同时要防止糖受热后成液态而影响菜肴的稀稠度。

2）咸鲜味软炒菜肴，口味宜清淡、鲜嫩、不腻，用油脂的数量应适度，不可过多。

3）掌握好菜肴的色泽和口味，油脂和淀粉要选择色白无异味的。此外，还要考虑辅料、调味品和蜜饯等配料对菜肴色泽及口味的影响。

（4）操作要点。

1）软炒的原料一般是液体或糜状原料，也可是一些小型无骨肉料，如虾肉、牛肉、鸡肝等。

2）原料在制成泥状时，应剔净筋络，刮肉捶砸成细泥，或经熟软后，压制成细肉糜才能使用，要求无筋、无刺、细腻，以保证成品特点。辅料多以小片、颗粒形态出现。

3）软炒原料在烹制前，需预先组合调制，应根据主料的遇热凝结性能，掌握好鸡蛋、淀粉、水分的投放比例，使之成菜后达到菜肴要求标准。

4）掌握好火候的使用，一般先用旺火烧锅，下锅滑油后，转入中小火，主料下锅后，要立即用平勺急速推炒，使其全部均匀地受热凝固。一旦发生挂锅边现象时，可顺锅边淋少许植物油，再进行推炒至全部凝结为止。火力要适当，过大和过小都会影响菜品质量。

（5）成品特点。菜肴无汁，形似半凝固状或软固状。咸鲜味菜肴质地细嫩，清爽利口；香甜味菜肴甜香味浓，酥香油润，质嫩软滑。

（6）菜品举例。

菜例 7-17　大良炒鲜奶

主料：牛奶 250 克，鸡蛋清 250 克

配料：鸡肝 25 克，蟹肉 25 克，虾仁 5 克，火腿 15 克，炸榄仁 5 克

调料：精盐 4 克，味精 3 克，干淀粉 20 克，熟猪油 500 克（约耗 75 克）

制法：

（1）将火腿切成 0.15 厘米见方的小粒，鸡肝切成 2 厘米长的菱形片，牛奶 50 克与干淀粉调匀，蛋清内放入精盐、味精搅拌均匀

（2）将鸡肝放入沸水中汆至断生，倒入漏勺滗净水分。用中火烧热锅，下熟油 250 克，烧至四成热时，放入虾仁、鸡肝过油至熟，倒入漏勺滗去油

（3）炒锅置火上，下入牛奶 200 克，烧至微沸盛起，将已用牛奶调匀的干淀粉、鸡蛋清、鸡肝、虾仁、蟹肉和火腿一并倒入拌匀

（4）用中火烧热炒锅，下入熟猪油滑涮锅后倒出，再下入熟猪油 25 克，放入已拌好料的牛奶，边炒边翻动边加油两次，每次 20 克左右，将牛奶蛋液炒成糊状，再放入炸榄仁，淋上熟油 5 克，炒匀装盘，堆成山丘状即可

特点：呈乳白色，奶质滑嫩，各种配料鲜爽软韧

（7）代表菜品。河南“炒三不粘”，山东菜“芙蓉鸡片”，河北菜“白玉鸡脯”。

5. 滑炒

（1）定义。滑炒是将经过细加工处理的动植性原料，加工成丁、丝、片、条、粒等形状，经过上浆或不上浆，滑油后，利用旺火小油量在锅中急速翻炒，最后兑芡汁或勾芡（也有不勾芡）成菜的一种烹调方法。

（2）工艺流程。

选择原料→初加工→切配→码味上浆→兑汁→主料滑油→热锅凉油滑锅→煸炒辅料→投入主料→倒入兑好的芡汁（勾芡）→待淀粉糊化淋明油→出锅装盘

（3）注意事项。

1）码味上浆，抓拌原料要出手轻，用力匀，抓匀拌透，使原料全部被包裹住，要防止出手过重而造成原料断裂破碎，但还需原料上劲有力。

2）上浆用料主要是淀粉或蛋清浆，浆的厚薄及上浆后吸浆时间的长短，要根据原料的质地、性能及菜品的质量标准而定。

3）主辅料合炒的菜肴，一般应先将辅料另行煸炒至断生或滑油，以保证与主料成熟度一致。

4）主料滑油时，采用热锅凉油，油温一般为三成至五成热（90～150 ℃），下入原料后用筷子向同一方向搅拌，先慢后快，并迅速滑散，待用料即熟断生捞出控净油。

（4）操作要点。

1）熟悉原料质地特性，合理选用。滑炒的主料要求新鲜、细嫩、去骨、去皮、去筋络、无异味。

2）在刀工处理中，应做到粗细长短一致，厚薄大小均匀，形小而不碎，细薄而不破，使其规格统一，受热均匀。

3）码味上浆是保证菜肴滑嫩的关键。

4）烹调时间短，操作速度快，使用火力大，调味要迅速。一般烹调前在碗内兑好芡汁，争取时间，滑好油的原料回锅时要立即倒入，迅速颠翻均匀，使调味品及芡汁均匀地裹在原料上，若停留时间一长则会出现老、韧、不爽滑的后果。

（5）成品特点。柔软滑嫩，清爽利口，汁紧油亮。

（6）菜品举例。

菜例 7-18 太极双丝

主料：猪里脊肉 300 克，猪腰 400 克

配料：青红辣椒各 1 个，鹌鹑蛋 2 个

调料：精盐 6 克，味精 2 克，料酒 15 克，淀粉 20 克，鸡蛋清 20 克，植物油 1.5 千克

制作：

（1）猪里脊肉和猪腰分别切成 6 厘米长的细丝，用清水略漂后搌干水分，用精盐、蛋清、淀粉上浆，分别入温油锅滑油

（2）主料分别配红椒丝、青椒丝滑炒成熟，分装盘中呈太极图形，用鹌鹑蛋点缀即成

特点：形似太极，双丝滑嫩

（7）代表菜品。北京菜“滑炒鸡丝”，广东菜“蚝油牛肉”“碧绿带子”，浙江菜“莼菜肉丝”等。

三、熘

熘是根据原料的不同性质，选用不同的加热介质及方法，将原料切配后的丝、丁、片、块等小型原料烹制成熟，再淋浇上或裹上较多卤汁的烹调方法。根据成品质感、加热介质的不同，熘可分为焦熘、滑熘、软熘等。

1. 焦熘

（1）定义。焦熘俗称炸熘或脆熘，是将加工成型的原料先用调味品腌渍入味，再挂上糊，放入热油锅中炸至外表金黄脆硬时捞出，最后裹上或淋浇上卤汁的一种烹调方法。

（2）工艺流程。

原料初加工→选料→切配→码味→挂糊拍粉→定型→炸制→酥脆复炸→兑汁熘制→成菜装盘

（3）注意事项。

1）糊的稀稠度要合适。太薄容易流淌变形，或掉渣成碎末，并影响油的色泽；太

厚则挂不均匀，使形状不美，并影响口感。

2）要粘牢拍粉原料，炸制时不掉粉，不使油变色。用芡汁熘制，动作要迅速，出锅要及时，不能停顿，否则影响成品脆香的质感。

3）兑在碗内的调味品，要求比例恰当，调味准确。要特别注意淀粉的多少，以保证芡汁的浓稠度。

4）用于炸制或滑油的大都是块、丁、片、丝等小料，如果是较大形状的原料，则必须剞上花刀。

（4）操作要点。

1）刀工处理要求原料规格一致，整齐划一，这样炸制时才能受热均匀，使菜品入味，形态美观。

2）码味以基本咸味为准。调味品必须与原料拌渍均匀，防止码味不匀。

3）控制糊粉的干稀厚薄。糊粉太厚，会影响原料本身的质感和鲜香味；糊粉太薄，油炸时高油温会过多损失原料所含水分和鲜香味而影响酥脆质感。水粉糊在调制时要略厚一些，不可太稀，否则达不到外脆里嫩的要求。

4）掌握好油的温度。初炸时将挂糊原料用中火温油炸至收缩定型，断生即可捞出。复炸要用旺火、高油温，使表面快速炸至酥脆，并立即淋汁或烹汁成菜，油温一般控制在 180 ~ 240 ℃，以保证炸熘菜肴的风味特色。

5）肉糕（鸡肉、鱼、虾、猪肉、蛋、兔肉）蒸制前，要先调试好凝结与老嫩效果，定好型，用中火蒸制熟透，以便晾凉后改刀。蘸微量稀薄的蛋清浆后，再裹淀粉（或面包糠），宜用中火，五六成热（150 ~ 180 ℃）油温炸制，可达到皮酥肉嫩的效果。

6）卤汁处理。焦熘的卤汁在行业中称油卤或活汁，是将卤汁勾好芡后搅打入热油，使油与卤汁混为一体，以延续水分对原料的渗透。制这种卤芡应厚一些，以便能包住较多的油脂。热油可分散多次打入，但油量不宜太多。卤汁制好后要迅速将炸好的原料出锅，趁热浇上卤汁，使原料发出“吱吱”的声响，以达到渗透入味的目的。

（5）成品特点。外层硬脆，内部鲜嫩，味浓汁宽。

（6）菜品举例。

菜例 7-19 糖醋鲤鱼

主料：鲤鱼 1 尾（约 750 克）

配料：葱 10 克，姜 5 克，蒜 5 克

调料：白糖 200 克，酱油 50 克，醋 60 克，淀粉 50 克，清汤 150 克，精盐 5 克，花生油 1.5 千克（约耗 150 克）

制法：

（1）鲤鱼刮去鳞，去掉鳃和内脏后洗净，再由鳃下至鱼尾（两面）每隔 3 厘米用坡刀贴背骨打成牡丹花刀，最后在头顶竖砍一刀。然后放在大盆内，先用精盐、酱油涂抹鱼身，再将水粉糊倒在鱼身上裹匀。另将淀粉、白糖、酱油、醋、清汤放入碗内兑成汁

（2）炒锅置火上，加入花生油，烧至七成热后，提着鱼尾将鱼头下入锅内正反转动，待鱼头炸至金黄色时再将鱼身全部放入锅内，用小锅铲挑着鳃壳以小火炸至鱼尾上色，再炸鱼的全身（依然正反转动），至呈金黄色时捞出滗油

（3）炒锅中留少许油，先放葱、姜丝、蒜片略煸，将兑好的汁倒入锅中，再加入少许清汤，然后勾芡

（4）待油温回升七八成热时，将鱼投入复炸，至鱼表面酥脆、呈金黄色时捞出装盘

（5）将卤汁锅上火打入热油，待卤汁油亮后浇在鱼身上，然后迅速上桌

特点：色泽红亮，外酥脆，里软嫩，咸甜适中，油泡翻滚似珍珠

（7）代表菜品。北京菜“焦熘肉片”，河南菜“糖醋鲤鱼”，江苏菜“松鼠鳜鱼”，广东菜“柠汁脆皮鱼”等。

2. 滑熘

（1）定义。滑熘是将切配成型的原料上浆处理后，放入温油锅中滑油成熟，再放入调制好的卤汁中熘制的一种烹调方法。

滑熘根据调味料的不同还可分为糟熘和醋熘等方法。糟熘是在调味中加入香糟汁，使菜肴具有滑、嫩、香特点的烹调方法。醋熘是调味中醋的比例较大，醋酸突出的烹调方法。

（2）工艺流程。

选择原料 → 洗涤切配 → 码味上浆 → 油烧至三四成热（100 ~ 120 ℃）→ 放料划散烧至断生 → 倒出油，将兑好的调味品入锅熘制 → 下料推匀 → 装盘

（3）注意事项。

1）原料上浆静置后，在滑油前必须调好稀稠度，以保证原料在滑油中能迅速

滑散。

2）滑熘菜肴的芡汁要略多稍稀，给人以柔软的感觉。芡汁不能紧而厚。根据菜肴的不同要求，有的要上蛋清浆，有的要上水粉浆。

3）从技法上，滑熘菜的芡汁基本上同于滑炒烹调方法，只是调制的口味不同而已。

4）滑熘所用的原料以加工成丝、片、条、丁、块等形状为主。

（4）操作要领。

1）原料上浆必须上劲，咸淡适宜，粉浆厚薄恰当。

2）滑油时，要根据菜肴的色泽选择不同种类的烹调用油。如需白色的菜肴，必须选用色白、干净、无异味的油，以防止油脂污染菜肴的色泽与口味。

3）油温要掌握好，在三四成热（100 ~ 120 ℃）时滑油最为适宜。油温太高，会使上浆原料在滑散前就凝结成块；油温太低，上浆后淀粉会脱离原料（脱浆）。这些都会影响菜肴的形态和质感。

4）滑熘菜肴一般以甜酸味为主，也有咸鲜味的。原料码味要准确，过咸或过淡都会影响菜肴的味道。

（5）成品特点。滑嫩鲜香，清淡醇厚。

（6）菜品举例。

菜例 7-20　糟熘鱼片

主料：鱼片 400 克

配料：糟油 25 克，蒜泥 5 克，葱末 10 克，鸡蛋 1 个

调料：绍酒 10 克，精盐 5 克，白糖 5 克，淀粉 10 克，鸡清汤 25 克，熟猪油 500 克（约耗 40 克）

制法：

（1）将鱼片放入碗中，加精盐、蛋清，拌匀后再加干淀粉搅拌上劲

（2）将糟油、鸡清汤、绍酒、精盐、白糖、蒜泥、湿淀粉调稀，兑成调味汁

（3）将锅置旺火上，舀入熟猪油，烧至五成热时放入鱼片，用铁筷子轻轻拨散鱼片，鱼片呈乳白色时倒入漏勺滗去油

（4）原锅仍置旺火上，加熟猪油少许，放入葱末，将调味汁倒入，用铁勺搅拌，然后倒入鱼片，晃锅颠翻，淋上猪油，出锅装盘即成

特点：色泽淡黄，甜中带咸，糟香浓郁，鲜嫩异常

菜例 7-21　熘里脊片

主料：里脊肉 250 克

配料：葱段 5 克，湿淀粉 20 克

调料：植物油 500 克（约耗 50 克），精盐 4 克，白糖 25 克，醋 20 克，绍酒 5 克，酱油 5 克

制法：

（1）将里脊肉切片，放入碗内，加精盐 4 克和湿淀粉 8 克，上浆待用，将葱切成段

（2）锅烧热，用油滑锅，加热油，烧至三四成热时，放入上过浆的里脊片，迅速滑散，断生捞出

（3）取小碗一个，将白糖、醋、绍酒、酱油、湿淀粉 12 克和清水 25 克同放碗里，兑好芡汁

（4）从锅里倒出油，留底油 20 克，把碗里兑好的芡汁倒入锅内，待淀粉糊化起泡时，将滑好的里脊片放入锅中推匀，同时放入葱段，出锅装盘

特点：色泽淡红，有光泽，里脊滑嫩鲜香，口味甜酸适中

（7）代表菜品。天津菜“滑熘鸭肝”，河南菜“熘素瓦块鱼”，山东菜“滑熘鱼片”等。

3. 软熘

（1）定义。软熘是将质地柔软细嫩的主料先经蒸熟、煮熟或汆熟，再浇汁成菜的一种烹调方法。软熘的菜肴多用鱼类原料烹制。

（2）工艺流程。

选择原料 → 初加工 → 刀工处理 → 水中汆熟或蒸、煮熟 → 捞出装盘 → 调制芡汁熘制 → 淋浇在原料上

（3）注意事项。

1）一定要选择新鲜细嫩的原料，以保证菜肴的质量。

2）刀工处理时，根据菜肴的质量要求进行刀工剞花或切块等。蒸、煮、汆熟时，原料断生刚熟即可捞出。

3）软熘菜有的不能放油，有的能放油但也不宜过多，这样才能突出软熘菜肴醇厚、鲜香、异常滑嫩的特色。

（4）操作要点。

1）软熘菜肴的形状要求美观大方，因此，剞刀不应损伤其整体形状，块的大小要一致。

2）要掌握好原料和芡汁的成熟度。如鱼要刚断生即捞出，这样成菜后才有良好的口感和质感。熘制芡汁要注意主料的成熟度，掌握好芡汁的用量与菜肴数量的配合比例。

3）根据原料的性质和烹调要求，进行正确的加工处理。在水煮时，水锅中应加入适量的去腥调味品，如葱、姜、绍酒等。如选用汽蒸，原料应适当腌渍一下，一是去腥，二是初步调味。

（5）成品特点。鲜嫩滑软，汁多味浓，异常清香。

（6）菜品举例。

菜例 7-22　西湖醋鱼

主料：草鱼 1 尾（约 750 克）

配料：姜末 5 克

调料：白糖 60 克，绍酒 25 克，酱油 65 克，醋 50 克，湿淀粉 50 克

制法：

（1）将草鱼饿养两天，使其排尽腹内脏物、草料，散去泥土味，使鱼肉结实。宰杀时，去掉鳞、鳃和内脏，洗净

（2）把鱼身劈成雌雄两片（连背脊骨一边称雄片，另一边称雌片），斩去牙齿，在雄片上从颌下 4.5 厘米处开始，每隔 4.5 厘米斜剞一刀（深 0.5 厘米左右），刀口斜向头部（共片五刀）。剞第三刀时，在腰处切断，使鱼分成两扇。再在雌片脊背部肉厚处，向腹部斜剞一长刀（深 0.4～0.5 厘米），不要损伤鱼皮

（3）炒锅舀入清水 1 千克，烧沸后，将雄片前后两段相继放入锅内，然后将雌片并排放入，鱼头对齐，皮朝上，盖上锅盖。待锅水再沸时，揭开盖，撇去浮沫，转动炒锅，继续用旺火烧煮，前后共烧约 3 分钟。用筷子轻轻地扎鱼的雄片颌下部，如能扎入，即熟。炒锅内留下汤水 250 克（余汤撇去），放入酱油、绍酒和姜末，调味后即捞出鱼，装在盘中（鱼皮要朝上，两片鱼的脊背连拼，鱼尾段拼接在雄片的切断处）

（4）锅内汤汁加入白糖、湿淀粉和醋，用手勺推搅成浓汁，见滚沸起泡，立即起锅，徐徐浇在鱼身上即成

特点：有浓厚的姜醋香味，口味有层次，即先有酸味，后有甜味，再有咸味。鱼肉滑嫩异常，似有蟹肉滋味

菜例 7-23　五柳青鱼	
主料：青鱼 1 尾（约 1 千克） 配料：精猪肉 50 克，葱、姜各 25 克，冬菇、红椒、冬笋、酱瓜各 25 克 调料：精盐 3 克，味精 2 克，绍酒 15 克，干淀粉 5 克，植物油 50 克，香醋 15 克，酱油 20 克，淀粉适量，白糖 75 克，高汤 200 克 	制法： （1）将精猪肉、葱、姜、冬菇、红椒、冬笋、酱瓜均切成丝 （2）将青鱼宰杀洗净后，用刀从腹部沿脊骨将鱼肉剖开（但脊背肉仍相连），至尾部时斩断脊骨，使加热时尾部可竖起 （3）锅中加水，烧开，投入葱、姜、绍酒，水沸后投入青鱼（水以淹浸鱼为度），待鱼断生时捞起沥干水分，装入盘中 （4）另取锅烧热加入少许油，然后投入肉丝煸炒至断生，再投入其余几种丝煸炒，加入绍酒和高汤，再加精盐、味精、糖、酱油，烧沸后勾芡再加醋，淋上热油后将汁浇在鱼身上即可
特点：卤汁红润，鱼肉鲜嫩，咸酸甜辣四味俱佳	

（7）代表菜品。淮扬菜“软熘鸭心”，浙江菜“软熘鲈鱼”，天津菜“软熘鱼扇”等。

四、爆

爆是指脆性（成熟后）动物性原料，加工成片、丁、粒或剞上花刀等形状，投入旺火热油、中油量的锅中或沸水、沸汤中快速烹调成菜的一种烹调方法。

爆是在炒的基础上发展而来的，一般主要传热介质是油，也有用沸水、汤氽做的。根据加热介质、调味品及烹制方法的不同，爆可以分为油爆、酱爆、汤爆等。

1. 油爆

（1）定义。油爆就是将加工成型的脆性动物性原料投入旺火油锅中，使原料在极短的时间内调味成菜的一种烹调方法。

（2）工艺流程。

选择原料 → 初加工 → 刀工处理 → 上浆 → 沸水速烫（或热锅速油爆）→ 热锅中爆制 → 调味烹汁 → 装盘

（3）工艺分类区别。

油爆一般有两种方法：

1）一种是将加工后的原料，先用旺火沸水中速烫一下捞出，沥干水分，再放入旺火热锅中速爆一下捞出沥油，再向旺火热锅中投入配料煸炒，再投入主料，烹入兑汁芡翻锅均匀即可。

2）另一种是将加工后的原料，直接投入热油锅中爆至成熟捞出沥油，再用旺火热锅投入配料煸炒，倒入主料，烹入兑汁芡，颠翻出锅即成。

两者的区别在于前者经过“焯”的过程，后者却没有。

（4）注意事项。

1）爆制菜肴，要掌握好烹制与食用的时间，成菜后迅速上桌，趁热食用以保证良好的口感。

2）原料下锅前，上浆不能太厚。如果太厚，要加适量清水冲搅再过油，否则会因过分粘连而不易滑散，影响菜肴色泽，导致成熟时间不一致，还会使原料脆嫩度降低。

3）油爆全部过程要一气呵成，火力要旺，油量要相当于原料的 2～3 倍。油量不足，会影响菜肴的风味。

（5）操作要点。

1）选料要用新鲜、脆韧的动物性原料，成熟后要具有爽脆的质感，一般常有鱿鱼、墨鱼、海螺、肚尖、胗、腰子等。

2）刀工要求严格，大小均匀一致，刀纹、深度都应符合菜肴的质量要求。

3）火候一般使用旺火，快速成菜，油锅温度在 180～210 ℃。温度太高，原料外焦内不透；温度太低，则不能突出爆菜的特点。

4）要求烹制菜肴前兑好卤汁，在烹制菜肴时迅速倒入，并且卤汁紧裹，菜肴吃完后盘底只能“见油不见汁”。

（6）成品特点。形状美观，脆嫩爽口，紧汁亮油。

（7）菜品举例。

菜例 7-24　油爆双脆

主料：鸭肫 200 克，猪肚尖 200 克

配料：蒜泥 5 克

调料：绍酒 5 克，精盐 8 克，味精 5 克，湿淀粉 15 克，植物油 500 克（约耗 50 克），清汤 10 克

制法：

（1）将猪肚尖洗净，剥去内皮，在外皮一面剞上十字刀纹花再改刀成大小均匀的块。鸭肫片去皮，同样用直刀剞法改成菊花刀纹，再改刀成块

（2）取两个小碗，分别将猪肚尖和鸭肫上浆待用，炒锅置火上，热锅滑涮凉油，下入植物油，烧至四成热，投入鸭肫滑散，马上投入肚尖，划散至熟，倒出沥油

（3）取小碗一个，放入精盐、蒜泥、绍酒、味精、湿淀粉和清汤，调成芡汁

（4）划散原料倒出锅后，原锅留底油 10 克，勾入调好的芡汁，待芡汁受热糊化，将过油原料投入锅中，颠锅翻匀，装盘即可

特点：脆嫩爽口，口味清醇

（8）代表菜品。“油爆鱿卷”“油爆肚仁”“油爆响螺片”“油爆鲜带子”等。

2. 酱爆

（1）定义。酱爆是以炒熟的甜面酱、黄酱或酱豆腐爆炒主料和配料，使原料快速成熟的一种烹调方法。

（2）操作要点。

1）掌握用酱、用油的比例，一般酱的用量为主料的 1/5 比较合适，油的用量为酱的 1/2 比较适宜。油多酱少，原料表面不够丰腴，油少酱多则原料容易挂边煳锅。

2）一般根据酱的稀稠度来增减油的用量，酱汁稀用油要多些，酱汁稠用油则少些。

3）酱要先用小火炒熟、炒透，使之产生香味后再下入主料，切忌有酱的生味。

4）菜肴在放糖时，一般投放不可过早，在菜肴即将成熟时下入，不但可以增加菜肴的甜美口味，而且能增加菜肴的光泽。

（3）成品特点。色红油亮，酱香浓郁，脆爽适口。

（4）菜品举例。

菜例 7-25　酱爆鳝片	
主料：鳝片 400 克 配料：青辣椒、红辣椒各 25 克 调料：XO 酱 15 克，高汤 40 克，姜 3 克，料酒 5 克，蒜 5 克，胡椒粉 1 克，淀粉 2 克，植物油 500 克（约耗 40 克），精盐 2 克，糖 2 克，味精 2 克 	制法： （1）将鳝片清洗干净，切成 4 厘米的斜片，青、红椒切片，姜切片，蒜切成末 （2）把鳝片先用沸水焯过，再用五成热的温油过油，青、红椒也过油后捞出滗油 （3）锅中留底油，下入 XO 酱煸出香味后，下入蒜末、姜片，烹入料酒，然后将主配料下入锅中，加入高汤、精盐、糖、胡椒粉，翻炒均匀，勾入芡汁，加味精，淋明油，出锅装盘
特点：酱香浓郁，味鲜口爽	

（5）代表菜品。“酱爆墨鱼子”“酱爆海鲜”“酱爆蛏肉”等。

3. 汤爆

（1）定义。汤爆又称水爆，是将主料用沸水焯至半熟后放入盛器内，再用调好味的沸汤冲入盛器，使之快速成熟的一种烹调方法。

（2）操作要点。

1）原料必须加工成块、片、丝等形状，有的原料要剞上花刀。

2）焯水时动作要快，一烫即出锅，以达到去腥、除异味的目的。

3）冲熟时，一般易熟的原料一冲即成，不易成熟的原料应多冲几次。

（3）成品特点。脆嫩爽口，清鲜不腻。

（4）菜品举例。

<table>
<tr><th colspan="2">菜例 7-26　汤爆双脆</th></tr>
<tr><td>主料：猪肚尖 2 个，净鸡肫 100 克
配料：葱花 2 克，香菜末 3 克
调料：酱油 5 克，精盐 2 克，葱姜汁 5 克，绍酒 25 克，味精 2 克，胡椒粉 0.3 克，清汤 250 克
</td><td>制法：
（1）将猪肚尖用刀片开，剥去外皮，在清水中洗净，再去掉里面的筋膜，外面剞十字花刀，呈鱼网状，然后切成 5 厘米见方的块，放入碱水中浸泡 3 分钟后捞出，冲洗干净，放入清水中待用
（2）在鸡肫上剞上十字花刀，放入另一碗内待用
（3）汤锅内放入清水，置旺火上烧至微沸时先放入鸡肫，后放入肚尖烫一下，立即捞出放入汤碗内，加葱姜汁、绍酒拌匀，再撒入香菜末、胡椒粉
（4）炒锅内放入清汤、酱油、精盐、葱花、绍酒，置旺火上烧沸，撇去浮沫，加精盐、胡椒粉，倒入另一个汤碗内迅速上桌，上桌后将主料推入汤内即成</td></tr>
<tr><td colspan="2">特点：质地脆嫩，汤质清鲜，味道香醇</td></tr>
</table>

（5）代表菜品。“汤爆猪肚”“汤爆鸡胗”等。

第三节　煎、贴、塌、烹

一、煎

1. 定义

煎是将原料加工成扁平状，以少量油为介质，用中小火慢慢加热至两面金黄，使菜肴达到内鲜嫩外酥脆的一种烹调方法。

2. 工艺流程

选择原料 → 初步加工 → 刀工成型 → 调制或挂糊 → 小火煎制 → 调味装盘 → 成菜

3. 注意事项

（1）煎的原料一般只有单一主料，没有配料（有时可添加馅料）。

（2）煎制前，可用手铲将原料规整成型，不时转动煎锅或原料，使原料受热均匀。

（3）调味一般在煎制前做好，烹制时尽量缩短煎制的时间，以保证菜肴的特色。

（4）煎制既是一种独立的烹调方法，也是一种半成品加工方法。

4. 操作要点

（1）选用原料要求是鲜嫩无骨的动物性原料及部分植物性原料。

（2）要根据原料的不同性质，采用不同的刀法，需要将原料的结缔组织拍打捣敲，使之离散。

（3）煎制菜肴原料多数先经过调味腌渍和挂糊处理。

（4）锅底要光滑，否则易粘锅，影响色泽及外形。

（5）煎制时应勤转锅，一般将一面煎好后再煎另一面。

（6）煎制时油量不易过大，但是也应根据锅内的油量消耗而注意随时加油。

（7）火力一般采用中小火，时间的长短应根据原料的性质灵活掌握。

（8）大部分煎制菜肴无汤汁，出锅装盘后可直接食用。

5. 成品特点

外表香脆，内部软嫩，色泽金黄，甘香不腻。

6. 菜品举例

菜例 7-27　煎虾饼

主料：虾仁 300 克

配料：鸡蛋 1 个，粉芡 40 克，葱、姜丝各 10 克

调料：精盐 1 克，料酒 5 克，味精 3 克，葱椒 3 克，椒盐 3 克，植物油 100 克

制法：

（1）将虾仁洗净搌干，用料酒、味精腌渍码味

（2）另取一碗，放入鸡蛋和粉芡、精盐少许搅成鸡蛋浆液，放入虾仁拌匀

（3）锅置火上加油，加热至三四成热，将拌好的虾仁下入锅内摊成圆饼形，用小火煎制，颜色稍黄时，采用大翻煎制另一面，透黄色时，再翻，把葱姜丝和葱椒撒在虾饼上，出香味，滗油，盛入盘中，用平勺在虾饼上压成金钱状花纹，外带椒盐上桌

特点：色泽柿黄，外焦里嫩，鲜香可口

7. 代表菜品

“生煎肉饼”“椒盐鸡饼”“煎茄夹”“煎丸子”等。

二、贴

1. 定义

贴是用两种或两种以上的原料，粘成饼状或厚片状，放在锅内煎制成熟，使贴锅的一面酥脆，另一面软嫩的一种烹调方法。

2. 工艺流程

选择原料→初步加工→刀工成型→粘合成型→装饰图案→贴制煎熟→装盘

3. 注意事项

（1）原料要逐个下锅，并排列成一定的形状，加热时要受热均匀，多采用转锅的方法，使原料成熟度一致，防止出现有的生、有的煳的情况。

（2）烹调时所使用的油脂要清洁干净，防止油脂污染制品表面色泽和图案。

（3）贴制菜肴成熟后应迅速上桌。

4. 操作要点

（1）贴制菜肴的原料必须新鲜无骨，质地细腻，在贴制前需要调味。底面原料常用熟肥膘，也有用面包片的。上面大多使用泥茸状的动物性原料，但也有用片、块等形状的原料。

（2）贴只煎一面，如果原料比较厚不易成熟，应适当加入少量调味汁和水，盖上锅盖，利用蒸汽促使原料成熟。

（3）贴制菜肴时，所使用的油量最多只能淹没主料厚度的一半，不能全部淹没。

5. 成品特点

一面金黄酥脆，另一面色白软嫩，清鲜可口。

6. 菜品举例

<table>
<tr><th colspan="2">菜例 7-28　锅贴虾</th></tr>
<tr><td>主料：大河虾 30 只
配料：猪肥膘 200 克，蛋清 2 克，青菜少许，葱姜各 10 克
调料：精盐 3 克，味精 2 克，料酒 10 克，猪油 50 克，淀粉适量
</td><td>制法：
（1）将猪肥膘切成 2 厘米宽的条，再改刀切成 4 厘米长、0.2 厘米厚的片，共 30 片，平放在盘中待用。将大河虾去头去壳留虾尾洗净，用刀在虾背部顺长划一刀成夹刀形，再用刀膛轻拍，使虾身扁平，用葱姜、精盐、味精、料酒腌渍码味
（2）将蛋清打散，加葱末、淀粉调成薄糊，在白肥膘上均匀地涂抹一层，然后放上虾，上面盖上切成同虾大小的青菜（事先用开水烫过方可使用）
（3）炒锅置旺火上烧热，用油滑锅后加入猪油，将虾和肥膘再蘸上蛋糊，逐只下入锅内平摊，用小火略煎后，从锅边烹入少许料酒，盖上锅盖，继续用小火煎至下面的肥膘呈黄色且香脆、虾肉成熟，即用锅铲盛出，整齐地排在盘中即可</td></tr>
<tr><td colspan="2">特点：形态美观，香脆爽嫩</td></tr>
</table>

7. 代表菜品

山东菜“锅贴鸡签”，四川菜“锅贴鸡塔”，淮扬菜“锅贴金钱鸡”，广东菜“锅贴海鲜盒”等。

三、塌

1. 定义

塌是将加工切配的原料，用调味腌渍、挂糊后放入锅内煎或炸成两面金黄，再加入调味品和适量汤汁，用小火收浓汤汁或勾芡，淋上明油成菜的烹调方法。

2. 工艺流程

原料选择→刀工切配→码味、拍粉、拖蛋液→煎至两面金黄→添鲜汤加入调味品→收汁或勾芡→装盘

3. 注意事项

（1）拍粉、拖蛋液要在煎前进行，不可过早拍粉，以防原料出水、面粉粘手，影响形状。

（2）控制好火候，防止原料焦煳。

（3）装盘时，应注意摆放造型，以增强菜肴的美感。有些菜肴烹制后需改刀装盘，其片、块、条等的规格可长、宽一些。有的原料可拍松后再片成片状，以利于挂糊。要保持清洁卫生，操作要迅速，以免菜肴热度下降或被异味污染。

4. 操作要点

（1）塌是一种煎和贴相结合的烹调方法，因此，不仅有煎的要求，而且具有贴的特点。煎时掌握好火候，要煎至两面成金黄色。

（2）制作菜肴时宜选用细嫩易熟的原料，以便迅速成菜，缩短制作时间，使成品具有酥嫩醇厚的特色。

（3）在拍粉、拖蛋糊时，动作要轻，拍粉不宜太厚，拖蛋液要均匀，蛋糊要全部裹上，这样才能增强色、香、味及质感的效果。煎制要达到起酥的程度。

（4）调味汁的烹入要及时，制作菜肴是否勾芡要视其是收浓汤汁还是收干汤汁的要求而定，同时要掌握好添入鲜汤的量。

5. 成品特点

质地软烂鲜嫩，色泽金黄，滋味醇厚。

6. 菜品举例

菜例 7-29　锅塌豆腐	
主料：豆腐 250 克 配料：鸡蛋 2 个，面粉 50 克 调料：绍酒 10 克，精盐 6 克，芝麻油 10 克，味精 3 克，葱花 10 克，猪油 100 克，姜末 5 克，鲜汤 80 克 	制法： （1）将豆腐切成长 4 厘米、宽 5 厘米、厚 0.8 厘米的片，平摊在盘内，撒上精盐 4 克、葱花 4 克、姜末 2 克、绍酒 4 克，腌渍入味 （2）将鸡蛋磕在碗里打散。炒锅置中火上，放入猪油，烧至二成热时，把豆腐片两面蘸拍上面粉，再在蛋液里拖过，逐片放入油锅内，将两面都煎至黄色，滗去余油 （3）豆腐在锅内，放入葱花 6 克、姜末 3 克、绍酒 6 克、精盐 2 克、味精和鲜汤烧沸，盖上锅盖，移小火上，收干汤汁，淋入芝麻油，装盘即成
特点：色泽金黄，质地鲜嫩，滋味醇厚	

菜例 7-30　锅塌鸡片	
主料：鸡脯肉 250 克 配料：猪肥膘 100 克，菠菜叶 12 片 调料：葱丝 2 克，姜丝 1 克，精盐 4 克，鸡蛋 3 个，干淀粉 30 克，湿淀粉 50 克，小茴香 10 粒，葱椒泥 5 克，清汤 100 克，熟猪油 200 克（约耗 75 克） 	制法： （1）将鸡脯肉去掉脂皮、白筋后洗净，片成长 6 厘米、宽 5 厘米、厚 0.2 厘米的片，共 12 片；剩余鸡肉剁成泥放入碗内，加入一个鸡蛋的蛋清、湿淀粉 15 克、精盐 2 克、葱姜丝、小茴香（研成细面）拌匀。将猪肥膘片成与鸡片同样大小的 12 片，并用刀尖戳出小孔，以防煎制时猪肥膘卷起。将菠菜叶也切成与鸡片同样大小的 12 片 （2）将一块肥膘肉片平铺在案板上，撒上少许干淀粉，再抹上 0.4 厘米厚的鸡肉泥，盖上一片鸡肉片，再抹一层鸡肉泥，最后盖上一张菠菜叶，依次共做 12 块生坯 （3）将鸡蛋蛋黄放入碗内，加入湿淀粉 35 克，搅匀成厚蛋黄糊，然后在生坯的肥膘肉面蘸上一层干淀粉，再在四周蘸一层蛋黄糊 （4）炒锅置中火上，放入熟猪油，待五成热时，把 12 块生坯整齐地放入油中煎制。待油温升至七成热、底面煎至发硬时，再逐块翻转，煎至淡黄色后滗出锅内余油，随即放入清汤、精盐 2 克、葱椒泥，移至微火上至汤汁将尽，翻锅扣在盘中，使菠菜叶面向上即成
特点：软糯鲜嫩，色泽微黄，香味浓郁	

7. 代表菜品

“锅塌豆腐”“锅塌金钱里脊”“锅塌鱼香肉片”“锅塌银鱼”等。

四、烹

1. 定义

烹是指将切配后的小型条、块或带小骨及壳的动物性原料，用调料腌渍入味，挂糊或拍干淀粉，投入旺火热油中，反复炸至金黄色，呈外酥脆、内鲜嫩后倒出，再炝锅投入主料，随即烹入兑好的调味汁，颠翻成菜的一种烹调方法。

根据原料初步加热方式的不同，可以将烹分为炸烹、煎烹和炒烹三种形式。

（1）炸烹是将原料炸制后，再烹入事先兑好的调味汁（不加淀粉），迅速搅拌成菜的一种烹调方法。炸烹时一般都要先经油炸，再调味汁，故行业内有“逢烹必炸”之说，但这也是相对的，要根据具体的菜肴而定。

（2）煎烹是先将原料煎制成熟后，再加入液体调味汁，迅速搅拌成菜的一种烹调方法。

（3）炒烹是将切配好的主要原料在少量油的锅中快速煸炒后，再倒入调味汁成菜的一种烹调方法。

2. 工艺流程

原料选择→切配→码味腌渍、挂糊→调制味汁→油炸（或煎、炒）→烹制→加入调味汁→装盘成菜

3. 注意事项

（1）根据菜肴要求，烹的原料一般需加工成片、条、块、段等。为了使原料有细嫩的质感，成熟迅速，对质地较韧的鸡肉、猪肉、牛肉、羊肉等可配合一些有规则的刀纹或拍松其纤维，以使其不变形。

（2）烹的原料大多要事先进行腌渍处理。清汁是不带芡粉的兑和调味汁，使用清汁是烹的一大特色。

（3）不挂糊的原料用中火旺油锅炸制，挂糊原料用旺火温油锅炸制，均在断生刚熟、皮酥肉嫩时捞出，并且快速趁热烹上调味汁，颠翻出锅。

（4）常用的调味品有料酒、盐、葱、姜、蒜、辣酱油、鲜柠檬汁、白糖、香醋等。烹菜的复合味型有糖醋味、茄汁味、咸鲜味、荔枝味等。

（5）对于大块原料的烹菜，其码味腌渍时间应略长一些（有些菜不挂糊，不用腌渍），以利入味。挂糊以拍干淀粉（或干面粉）、湿淀粉、全蛋淀粉等为主，在临油炸

前挂糊的效果最好。

4. 操作要点

（1）不挂糊的原料要选择好形态，大小要一致。挂糊油炸的原料要掌握好糊的厚薄程度，拍粉要均匀，要保证既有外酥里嫩的效果，又不影响原料自身的质感。

（2）调味汁的数量和味感的浓淡对菜肴成品的风味影响很大。所以，要根据菜肴是否挂糊、锅内温度高低、原料对味汁的渗透程度进行适当调制。

（3）事先兑好味汁是为了有良好的复合味感和迅速成菜，如果味汁的汁量不够，在保证味感的前提下，可适当加一些鲜汤。

（4）炸制时要控制好油温。一般烹菜都应进行复炸。第一次炸基本结壳，第二次炸至刚好断生。烹菜大多采用高油温。

5. 成品特点

外香里嫩，略带汁液，爽口不腻，夏令佳肴。

6. 菜品举例

菜例 7-31　油烹大虾	
主料：大河虾 350 克 调料：葱段 2 克，白糖 25 克，绍酒 15 克，酱油 20 克，醋 15 克，熟菜油 500 克（约耗 50 克） 	制法： （1）将大河虾剪去钳、须、脚，洗净，沥干水分 （2）把炒锅置旺火，倒入熟菜油，烧至七成热，将河虾入锅，用手勺不断推动，约炸 5 秒即用漏勺捞起。待油温升至八成热时，再将大虾入锅复炸 10 秒左右，使肉与壳脱开，用漏勺捞起滗尽油 （3）炒锅内留底油，投入葱段煸香，倒入虾，加入白糖、绍酒、酱油、醋，转动炒锅，用旺火略爆入味，烹入醋，出锅盛入盘中即成
特点：色泽红亮，味咸甜带有酸味，虾肉脆嫩，风味独特，是佐酒的上品	

<table>
<tr><th colspan="2">菜例 7-32 烹仔鸡</th></tr>
<tr><td>主料：光仔鸡 300 克
调料：葱段 15 克，绍酒 10 克，姜片 10 克，精盐 2 克，酱油 5 克，辣酱油 20 克，白糖 15 克，味精少许，麻油 30 克，植物油 750 克（约耗 50 克）
</td><td>制法：
（1）将光仔鸡斩成小块，然后加入葱段、姜片、精盐、酱油腌渍片刻，使其入味
（2）用一个小碗放入绍酒、辣酱油、白糖、味精、精盐等调味品兑和成汁待用
（3）炒锅置火上，放入植物油烧至五成热时，放入鸡块浸炸至断生捞出，待锅中油温升至七成热时，再复炸一次，至鸡块表皮色泽金黄，倒入漏勺沥油。锅置火上，放入麻油、葱段略煸，再投入鸡块，烹入兑好的清汁，迅速颠翻，起锅装盘</td></tr>
<tr><td colspan="2">特点：外表干香，肉质鲜嫩</td></tr>
</table>

7. 代表菜品

“煎烹鱼片”“醋烹辣椒”等。

第四节　烧、扒、焖、㸆

一、烧

烧是将经切配加工热处理（炸、煎、炒、煮或焯水）过的原料放入锅中，加适量的汤汁和调味品，先用旺火烧沸，定味、定色后，再用中小火烧透至浓稠入味成菜的烹调方法。

烧菜的原料繁多，口味多变。原料可以是整块的、大块的，也可以是碎散的，烧制的菜肴在成熟度上也是有差异的。如烧鱼，成熟度以断生即可；而烧肉，其成熟度就需酥烂入味。

根据菜肴成品的色泽和工艺不同，烧大致可分为红烧、白烧和干烧。

1. 红烧

（1）定义。红烧是将切配后的原料，经焯水和炸、煎、煸、蒸等方法，制成半成品，放入锅里，加入鲜汤，旺火烧沸，撇去浮沫，再加入调味品，改用中火或小火，烧至熟软汁稠，勾芡（有的不勾芡）收汁起锅成菜，使菜肴达到鲜嫩、肥厚的要求的一种烹调方法。

（2）工艺流程。

选择原料 → 切配 → 半成品加工 → 调味烧制（加入有色调料如酱油、糖色等）→ 收汁 → 装盘

（3）注意事项。

1）红烧的原料大多要先进行表层处理，其目的是去除原料的部分腥膻气味，改

变原料表面的质地和色泽，以增加香味和色彩，便于卤汁的包裹。

2）红烧的原料在进行表面处理时，应注意下列事项：

①在煎炸煸炒时，应避免原料中的水分过多损失。

②上色要均匀，有的原料在煎炸时表面涂上酱油之类的有色调味料，在涂抹时一定要涂匀，否则会出现颜色深浅不一的现象。

③控制火候，防止将原料煎焦煳或炸焦煳。

3）投放调味料必须准确、适时。烧制动物性原料时，应先放料酒，去腥增香，然后再放入酱油、盐、糖等其他调味品和适量的汤水。在加汤水时，要从锅壁的四周淋入。烧制水产品时习惯上用清水，以保持水产品特有的鲜味，烧制植物性原料或涨发后的干货原料时，通常要加鲜汤（鸡汤）。烧肉类、禽类一般使用原汤。

4）掌握菜肴的成熟度，适时勾芡。

①根据汤汁的多少掌握芡汁的量。芡汁要均匀，防止出现粉块。大块、整块的原料在勾芡时要不断晃动或转动炒锅。芡汁应慢慢淋入，避免直接淋浇在原料上面，而要淋在汤汁上。

②淋明油是最后一道工序。明油要沿锅壁淋下，要晃动炒锅，使油与卤汁融合，增加卤汁的光泽度。

（4）操作要点。

1）为了使红烧菜肴不杂乱，对有些调味品如姜、葱、香料、花椒等，应用纱布袋装好使用，豆瓣辣酱炒香后要撇去豆瓣渣等。

2）为了保证烧制菜肴的质量，半成品加工与烧制的间隔不宜过长，以免影响菜肴的色、香、味、形等效果。

3）在烧制菜肴过程中，要防止产生粘锅现象。可在锅底垫上一些鸡骨、猪骨等，以防焦锅。

4）如果有多种不同质地或不同类别的原料，可在半成品加工时，调整好其成熟程度，或在烧制过程中，用投料先后的方法来达到成熟一致的目的。

5）烧制时间短的红烧菜肴，以菜肴刚熟的程度、细嫩的质感、恰当的汤汁及渗透入味的效果为好。长时间的红烧菜肴，要掌握好原料的质地、添水量、烧制时间、火力和菜肴的质感。切忌采用增添汤量，加大火力来缩短烧菜时间。因为每种原料在正常的烧制情况下都有一定的成熟时间。

6）红烧菜肴时，要恰当选用酱油、豆瓣酱、绍酒、葡萄酒、面酱、番茄酱、糖等提色原料，要将菜肴的色泽层次与味感浓淡结合起来。不同的复合味感有相宜的菜肴色泽，如甜咸味以橙红色、咸鲜味以鹅黄色、家常味以金红色、五香味以金黄色等相配就比较恰当。

7）收汁是红烧菜肴味浓稠的关键，并有提色和增强菜肴光泽效果的作用。收汁前，一定要适当调剂汤汁的量，切忌汁干粘锅。同时，要注意保持菜肴形态完整。

（5）成品特点。色泽红亮，质地软嫩，汁浓味厚。

（6）菜品举例。

<table>
<tr><th colspan="2">菜例 7-33　红烧个鱼</th></tr>
<tr><td>主料：鲤鱼一条（约 850 克）
配料：木耳 15 克，冬笋 15 克
调料：粉芡 50 克，葱姜丝各 5 克，鸡蛋液 20 克，精盐 10 克，味精 5 克，酱油 10 克，绍酒 20 克，头汤 400 克，熟猪油 50 克
</td><td>制法：
（1）将鱼宰杀去鳞后扩一下，然后剞上月牙花刀，用精盐（7 克）、料酒（5 克）码味，再挂全蛋糊，下入五成热油锅炸制成熟后捞出
（2）炒锅放旺火上，下入熟猪油，加入葱姜丝、木耳、冬笋，添头汤，加入绍酒（15 克）、精盐（3 克），然后下入炸制好的鱼，待鱼入味后，盛入盘中
（3）锅内汤中捞出葱姜丝、木耳、冬笋后，勾入用水和粉芡调制的流水芡，待汤汁浓稠后浇在鱼身上即可</td></tr>
<tr><td colspan="2">特点：汤鲜味美、色泽红亮、体型完整</td></tr>
</table>

（7）代表菜品。“红烧肉”“红烧鱼”“红烧牛尾”等。

2. 白烧

（1）定义。白烧是运用不同的原料、调味品，达到白烧的效果。

白烧与红烧是对应的，都因烧制菜肴的色泽而得名，其方法基本与红烧相同。红烧与白烧的区别有两方面：一是初步熟处理上有差异，白烧的原料大多采用焯水处理，不进行上色处理；二是调味上的区别，白烧不用有色调味品进行烹制。

（2）工艺流程。

选择原料→切配→半成品加工（煮、焯水等）→调味烧制（不加入有色调料）→收汁→装盘

（3）注意事项。

1）原料新鲜无异味，具有色泽鲜艳、质地细嫩、滋味鲜美、受热易熟等特点。

2）调味品是无色的，如精盐、味精、白糖等，忌用有色调味品。菜肴的复合味也限于鲜咸味和咸甜味。复合味在一定程度上是辅佐或突出白烧原料本身的滋味，味感要求醇厚清淡，爽口不腻。

3）白烧半成品的加工方法常用的有焯水、滑油、清蒸等，这些方法除了具有初

步熟处理的作用，还对白烧原料在定色、保色、提高鲜香程度、增加细腻质感等方面起到促进作用。

4）白烧的烧制时间比红烧短。相对地，植物性原料的烧制时间比动物性原料短。为了保证菜肴清香鲜美，应尽量缩短烧制时间，其成熟度可借助半成品加工来控制。

5）一般用奶汤或薄芡为好，其汁稀薄。

（4）操作要点。

1）用于白烧的原料要根据烧制菜肴的时间长短进行选择，一般选用同一质地的原料，使烧制的时间相同，菜肴的质感一致。适合烧制原料的规格一般为条、段、块、厚片、整条及整只或自然形态。主料与辅料形态应相似或相近，辅料能美化和突出主料。

2）白烧原料基本上都要经过初步热处理成半成品（都应控制在断生的程度）。半成品的加工方法要根据白烧原料的品种、质地、形态、新鲜程度、烧制时间、色泽、味型来选择。

3）收汁的时机应在烧制菜肴的成熟阶段，有自然收汁和勾芡收汁两种方式。一般来说，蛋白含量较高的原料，由于胶质重，质感软熟，烧制时间较长，以自然收汁方式为好；质感细嫩，烧制时间短的原料，以湿淀粉勾芡收汁为宜。收汁的浓稠度和汁量的多少，应视菜肴的具体要求而定。

4）成菜装盘要求成型完整，形态丰满，器皿选用恰当。

（5）成品特点。色白素雅，清爽悦目，味鲜醇厚，质感鲜嫩。

（6）菜品举例。

菜例 7-34　白汁鲍脯

主料：罐头鲜鲍鱼 2 听

配料：菜心 12 棵，瘦火腿 25 克

调料：葱姜汁水 30 克，精盐 4 克，料酒 10 克，味精 4 克，高级清汤 500 克，湿淀粉 25 克，猪油 500 克（约耗 40 克），鸡油 15 克

制法：

（1）将鲍鱼两面剞上交叉刀纹，改切成块。瘦火腿切成约 3 厘米粗细的小长条。菜心尾部切齐，头部削尖，顶端用竹签戳一孔，插入火腿条呈鹦鹉嘴状

（2）炒锅置中火上，下猪油，烧至三成热时，投入菜心烧软，捞出沥干，将油倒尽。复将菜心入锅，加入高级清汤 200 克、精盐 2 克，烧透后加味精 2 克，用湿淀粉 10 克勾芡

（3）另取炒锅置旺火上，舀入高级清汤 300 克，放进葱姜汁水、鲍鱼、精盐 2 克、料酒、味精 2 克及少许鲍鱼原汁，烧 10 分钟，用湿淀粉 15 克勾芡，淋上鸡油成芡汁起锅

（4）把鲍鱼放在圆盘中央，围上菜心，再淋入芡汁即成

特点：色泽自然、雅致，造型美观，质地软嫩，清淡醇鲜

（7）代表菜品。“烧双冬”“浓汁烧鱼肚”“雪花海参”“烧素四宝”等。

3. 干烧

（1）定义。干烧是菜肴在烹制过程中，用中小火收稠卤汁，不勾芡或勾极少芡，使菜肴见油不见汁，滋味渗入原料内部或黏附在原料表面上的烹调方法。

干烧是四川菜系较为擅长的一种烹调方法。干烧常用的配料有牛肉末、猪肉末、榨菜末等。干烧常用的调料有料酒、泡辣椒、郫县豆瓣酱、葱、姜、蒜、白糖、酒酿、香醋等。

（2）工艺流程。

选择原料 → 初加工 → 刀工处理 → 熟处理成半成品 → 调味烧制 → 收汁 → 装盘

（3）注意事项。

1）干烧菜肴油汁明亮，不呈现汤汁，菜肴味厚、滋润、发亮，不干燥。

2）掌握火候要恰当。用旺火煸炒调配料，旺火烧沸卤汁，中小火慢慢烧至入味，对于含胶质重或不易翻面的菜肴，火力不宜过大过猛，防止煳锅。由于干烧放入了一些有黏性的调味品，再加上原料本身的胶质，稍有疏忽就可能煳底。因此，在烧制时要不断晃动炒锅。

3）在投放调味品时，应注意前后的顺序和投放的比例。对某些特殊的调味品（如面酱等），应以中火温油炒香后，用汤汁澥散，再放入原料烧制。

4）各种调配料要切成米粒状。对于豆瓣辣酱，也应以中火温油炒香至油呈红色后，添入汤汁烧沸出味，撇去豆瓣渣，再放入原料烧制。

5）淋醋时要做到“放醋不酸”，目的是去腥增香。淋醋常常在原料临出锅前进行。

6）干烧应选择富有糯性、质感细嫩和滋味鲜美等特色的原料。属干货原料的，还应控制好软糯带韧的涨发程度。鱼、虾、鸡、蔬菜等要做好洗涤整理，最大限度地去除原料的腥臊等异味以及影响菜肴质感的部分。

7）适合干烧菜肴的原料，一般以条、块和原生形态为主。鱼、虾、鸡、蔬菜等干烧前要进行过油处理，其作用是使原料保持固定的形状，还可增加干烧菜肴的香鲜滋味，缩短干烧的烹调时间。

8）干烧常用的复合味有咸鲜味、家常味、酱香味等味型。干烧应先用中火烧沸汤汁，再由中小火烧制成菜，最后用中火收汁。

（4）操作要点。

1）干烧原料的初步熟处理关系到成菜的色、香、味、形，因此一定要掌握好方法和加工的程度。如鱼、虾码味后，应用旺油锅迅速炸一下，使鱼虾表面凝结一层硬膜，烧制时鱼虾滋味就损失不大，形状也不易碎烂。又如蔬菜类原料，比较适合温油锅滑油，这样既有定色保鲜的作用，又能使原料干烧时迅速成菜。再如蹄筋、海参类，在干烧前煨好鲜香味，能恰当解决原料渗透入味难和烧制时间短的矛盾。

2）干烧菜的添汤量要适当，应根据原料的性质和烧制时间来灵活掌握。一般细嫩、易熟、水分重的原料，其汤量宜少，反之，可适当多些。

3）用于干烧的调味品比较多。如绍酒、糖色、菜油、豆瓣辣酱等，这些是形成干烧菜肴滋味香鲜醇厚的重要因素。要掌握色泽的深浅，调味品之间的配合及其加入的顺序等，发挥调味品在色、香、味等方面的最佳效果。

4）使汤汁浸润原料，入味均匀。一般在收汁时，应不断推动原料，使其入味均匀。但对易碎原料（如鱼）不能推动，可边收汁边取汁淋在原料表面，使其入味。

（5）成品特点。色泽金黄红润明亮，质地细嫩，爽口不腻，亮油紧汁，汁净无芡，香鲜醇厚。

（6）菜品举例。

菜例 7-35　干烧中段

主料：草鱼中段约 500 克

配料：猪瘦肉 50 克，泡红辣椒 3 个，芽菜 5 克，蒜末 6 克，葱白 50 克，姜末 4 克

调料：精盐 6 克，醪糟汁 20 克，芝麻油 10 克，鲜汤 200 克，菜油 5 克，绍酒 5 克，味精 2 克，植物油 1 千克（约耗 100 克）

制法：

（1）将草鱼中段两面剞上十字花刀，加精盐 3 克和绍酒码味腌渍，入油锅炸至金黄色捞起。猪瘦肉切成绿豆大的粒，入锅炒散，加精盐 1 克炒至酥香，盛入碗内。葱白和泡红辣椒切成长约 6 厘米的段，芽菜切成细粒

（2）炒锅置旺火上，下植物油 50 克，烧至三成热时，放入泡红辣椒、葱段、姜末和蒜末，炒出香味，添入鲜汤，加精盐、醪糟汁、菜油、肉粒和味精，放入炸好的鱼烧沸，用中小火烧约 6 分钟，将鱼翻身，再烧 2 分钟左右，见汁干油亮，将鱼入盘，锅内留汁，加芽菜粒和芝麻油，推匀，浇在鱼上成菜

特点：色泽金黄，鱼肉细嫩，肉粒酥香，鲜味醇浓

菜例 7-36　干烧鲫鱼

主料：鲫鱼 2 尾（约 300 克）

配料：肥瘦猪肉 150 克

调料：姜末 10 克，葱段 10 克，酒酿汁 10 克，酱油 15 克，泡红辣椒 20 克，精盐 1 克，清水 300 克，芝麻油 50 克，熟菜油 150 克

制法：

（1）将鱼宰杀洗净后沥干水分，在鱼身两面各斜剞三四刀（刀深至肉厚 2/3），再用精盐抹遍鱼全身。另将肥瘦猪肉剁碎，葱切成葱段，泡红辣椒切成段待用

（2）将炒锅置旺火上，下熟菜油烧至七成热时，放入鲫鱼煎至两面呈金黄色后铲起。锅里放肉末炒酥，加精盐、姜末、葱段、泡红辣椒再炒一下后，放入鲫鱼、酒酿汁、酱油、清水，移至中火上烧 10 分钟后将鱼翻身，再烧至汁干油亮时淋入芝麻油，盛入盘中即可

特点：色泽金黄，亮油不见汁，鱼肉细嫩，肉末酥香

（7）代表菜品。“干烧牛腩”“干烧岩鲤”“干烧冬笋”“干烧鲳鱼”“干烧紫鲍”等。

二、扒

1. 定义

扒是将初步熟处理的原料，经切配后整齐地叠码成型，放入锅内，加汤汁和调味品，用旺火烧沸，转中小火烧至酥烂入味，再勾芡，使卤汁稠浓，保持原料原形装盘的一种烹调方法。

扒多用于一些整型、高档的原料。根据色泽的不同，扒的方法可分为红扒和白扒两种。根据加热时间及调味品的不同，扒又可分为奶油扒、鸡油扒和葱油扒等。

2. 工艺流程

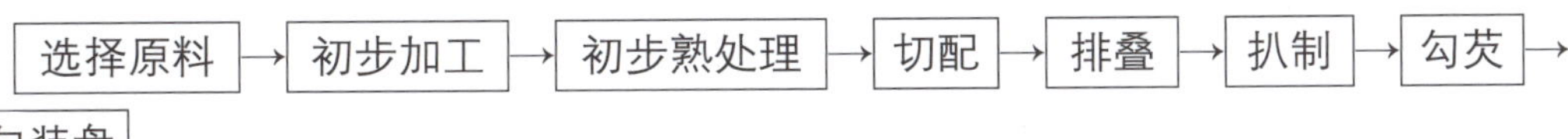

3. 注意事项

（1）扒制菜肴的原料在切配前，需用适宜方法进行初步熟处理。在加工切配时，要按菜肴的具体要求，将主料与辅料加工切配成一定的规格和形态。

（2）按照菜肴的成型要求，烹调前，将加工切配的原料采用叠、排、摆的手法，分别排列在盘内、碗内或锅垫上。

（3）一些菜肴扒制前，需要先用葱、姜等调料进行炝锅，然后添汤烧沸，除去葱、姜，加调味品，将原料从盘内滑入或将锅垫放入锅内，扒制入味熟透。

（4）扒制入味成熟时，分次酌加湿淀粉收汁，边收汁边转动菜肴，成菜时大翻勺（锅）装盘。用锅垫扒制的菜肴可直接取出翻扣在盘内，锅内汤汁收浓，再浇淋在菜肴上。用碗蒸扒的菜肴，蒸制入味成熟后，炝锅或将原汁入锅内收浓，碗内菜肴翻扣在盘内，再浇淋收浓的原汁成菜。

4. 操作要点

（1）原料必须进行初步熟处理，并达到以下要求：

1）形状整齐。通过加热再进行刀工处理，可基本固定造型。

2）味道纯正。通过加热能去除原料中的血污、杂质、腥膻异味，使菜肴在扒制时达到味美鲜醇的效果。

3）色泽美观。有些原料通过焯水、油煎或油炸，可使原料更白净或便于调味料的上色，使菜肴达到色泽光亮的效果。

（2）原料整齐入锅、整齐出锅是扒制的一大特色。大翻锅是扒制菜肴的一项高难度技术。

（3）扒制菜肴大多要勾芡，通过勾芡使汤汁更稠浓、更有光泽。

（4）扒制菜肴一般采用中火，火力不宜过猛，以防粘锅和煮沸时冲乱形态。

（5）成菜翻勺时，要注意保护菜肴形态的完整，并沿锅边淋亮油。

（6）扒制菜肴的主料与辅料，要求品级相宜。辅料应选择色、香、味富有特色、能衬托主料的原料。

（7）不同成熟度的主料与辅料，要利用初步熟处理来调制，以便缩短扒制的时间，使主料与辅料成熟度一致。

（8）扒制菜肴要掌握好添汤量和火力。火力应根据扒制时间的需要。收汁的湿淀粉不宜过浓，要逐次加入，使汤汁稠度均匀，滑动容易，又不会冲乱形状。

（9）扒制菜肴汤汁稠度以米汤芡状为宜，它既不会掩盖菜肴的色彩，又能使菜肴芡亮清爽。

5. 成品特点

选料精细，讲究切配，形状整齐美观，原形原样，不散不乱，略带芡汁，色泽光亮，口味鲜香，醇厚浓郁。

6. 菜品举例

<table>
<tr><th colspan="2">菜例 7-37　干贝扒广肚</th></tr>
<tr><td>主料：油发广肚 500 克
配料：水发干贝丝 30 克，上海青 30 克
调料：精盐 5 克，味精 2 克，绍酒 20 克，湿淀粉 10 克，姜末 5 克，头汤 400 克，熟猪油 50 克
</td><td>制法：
（1）将油发广肚片成 8 厘米长的大坡刀片，用开水烫一下，沥净水分。锅垫放在 10 寸盘上，把广肚铺成三搭头形，用盘扣住；上海青切成 5 厘米的段，备用
（2）炒锅放旺火上，下入熟猪油，添头汤 300 克，加入绍酒 15 克、精盐 3 克，放入铺好的锅垫进行扒制。待菜透入味，揭去盘子，扣入扒盘内，焯水后的上海青围边
（3）另取净炒锅放在火上，添入熟猪油，下入姜末、干贝丝，添头汤 100 克，加精盐 2 克、味精 2 克、绍酒 5 克，汤沸后放入湿淀粉 10 克勾流水芡，待汁收浓后浇在广肚上即可</td></tr>
<tr><td colspan="2">特点：汤鲜味浓、色泽浓白</td></tr>
</table>

<table>
<tr><th colspan="2">菜例 7-38　冰糖扒蹄</th></tr>
<tr><td>主料：猪蹄髈 1 只（约 5 千克）
调料：冰糖 150 克，菜心 10 棵，植物油 15 克，味精 2 克，绍酒 25 克，肉汤 1 千克，酱油 50 克，糖色 30 克，精盐 2 克，葱段、姜块各 25 克，淀粉少许，鸡油少许，鸡汤少许
</td><td>制法：
（1）将猪蹄髈的细毛用镊子拔净，刮去表面污物后洗净。将炒锅置火上，加水放入蹄髈焯水。另将葱、姜拍松待用
（2）另用一口炒锅放入少许植物油烧热，投入葱、姜煸至变黄时，加绍酒、酱油，再倒入肉汤烧开，在锅内垫上竹垫，再放入焯过水的蹄髈（皮朝下），倒入用糖色和汤调成的水，再加冰糖、精盐烧开。撇去浮沫后转入中小火炖至酥烂，再上旺火收稠卤汁，调好味，拣去葱、姜，把蹄髈装入大盘中
（3）原汤放入锅内收稠汤汁至黏稠，浇在蹄髈上。另用炒锅烧水，待滚沸后放入少许植物油，把菜心投入烫熟后捞出沥水。倒去锅内的水，加少量鸡汤、精盐、味精，再放入菜心略烧后勾芡，淋少许鸡油出锅，将菜心摆在盘子周围即成</td></tr>
<tr><td colspan="2">特点：色泽枣红，蹄髈形整，皮酥肉烂，咸中带甜，肥而不腻</td></tr>
</table>

7. 代表菜品

“白扒猴头”“奶油扒凤尾”“鸡油扒菜心”“海参扒鸡脯”“蚝油扒白菜”等。

三、焖

1. 定义

焖是将经炸、煎、炒、焯水等初熟制备后的原料，加入酱油、糖、葱、姜等调味品和汤汁，旺火烧沸，撇去浮沫，放入调味品，加盖用小火或中火慢烧，使之成熟并再转旺火收汁至浓稠成菜的一种烹调方法。

焖菜主要强调火候和调味。加热时间可根据不同原料的质地、大小灵活掌握。焖与煨相比，焖菜的汤汁比煨菜少，焖制的时间也比煨菜短一些。根据调味、原料性质和加工手法的不同，焖可分为黄焖、红焖、酒焖和油焖等几种，但在方法上，它们都是相似的。

2. 工艺流程

原料选择 → 切配 → 初步熟处理 → 调味焖制 → 收汁 → 装盘

3. 注意事项

（1）焖多选用含胶原蛋白较丰富、形状较完整、质地老韧、鲜香味美、受热易熟的主料和辅料。主辅料形态一般采用条、块、段或保持原生形态。焖制常用的原料有：动物性原料，如牛肉、猪肉、蹄髈、牛筋、鸡、鸭、甲鱼、鳗鱼等，根茎类的植物性原料，如冬笋、茭白、莴笋等。

（2）焖菜使用的火候分三个阶段：第一阶段使用旺火，目的是除去原料中的异味，使原料上色；第二阶段使用小火，甚至使用微火，加热时间较长，目的是使原料成熟、酥烂；第三阶段使用旺火，目的是能收稠卤汁，增加菜肴的色泽和光泽。

（3）焖菜一般分两个步骤调味：一是初步调味，菜肴在刚烹制时只加入一部分去腥、增香、增味的调料；二是确定口味，当菜肴加热成熟即将收稠卤汁时，再加入另一部分调味料，以达到增色、定味的效果。

（4）根据原料在焖制前的成熟程度、含胶质多少和菜肴软嫩的质感等具体情况，决定是否勾芡和收汁的浓淡。装盘前，要调剂好油量、芡汁和主辅料的比例。使卤汁稠浓的方法有勾芡和自然稠浓两种。无论是在勾芡或自来芡的菜肴中，都要注意油的投放量。如果菜肴中的油量过多，则卤汁无法均匀地包裹原料，甚至还会造成卤汁焦煳、菜肴色泽不匀等现象。

4. 操作要点

（1）根据原料的不同质地，采用不同的熟处理方法。

（2）焖制菜肴的添汤量，以淹没原料为宜。如焖制时间较长，可适当增加汤量；反之，则减少。对于易熟的原料，可用中火焖制；反之，应小火焖制。要正确估计焖制的成熟时间，尽量减少揭锅盖的次数，以保证焖制菜肴的色、香、味。以家禽、家畜为原料的焖制成菜在装盘时，可清炒一些绿叶蔬菜垫底，这样可增加菜肴的清香味，减少菜肴的油腻感。

（3）原料初步熟处理时，要掌握上色的深浅或保色的效果。一般黄焖、酒焖以醇厚香鲜的咸鲜味为主，红焖以浓厚微辣的家常味为主，油焖以色泽油亮、清香、鲜美的咸鲜味为主。

（4）控制好时间和添汤量，火力的大小要根据原料成品的质感来掌握。切勿在中途加汤，同时也要防止粘锅和煳锅。

5. 成品特点

形态完整，软嫩鲜香，酥烂软糯，汁浓味厚。

6. 菜品举例

<table>
<tr><th colspan="2">菜例 7-39　黄焖鸡翅</th></tr>
<tr><td>主料：鸡翅 20 只（约 600 克）
配料：冬菇 20 克
调料：绍酒 30 克，葱段 100 克，白糖 15 克，姜末 5 克，酱油 50 克，味精 3 克，花生油 500 克（约耗 50 克），鸡清汤 500 克，猪油 30 克，葡萄酒 15 克
</td><td>制法：
（1）用刀在鸡翅骱骨处切断，斩去翅尖后洗净，沥去水分
（2）炒锅置火上烧热，舀入花生油烧至七成热时，放入鸡翅炸至金黄色，用漏勺捞出待用
（3）取锅置火上烧热，放入猪油 20 克，下葱段 50 克及姜末煸香，再放入鸡翅，加白糖、酱油、绍酒，烧至鸡翅上色，然后加入鸡清汤烧开，撇去浮沫，装入砂锅中，盖上砂锅盖，移小火上焖至酥烂后离火，捞出鸡翅
（4）另取一口砂锅，将小翅排在砂锅垫底，然后把大翅沿锅边整齐围排，再倒入原汤，加入葡萄酒及少许味精
（5）炒锅置旺火上烧热，舀入猪油 10 克，烧至六成热时，放入葱段 50 克炸香，再放入洗净的冬菇煸一下倒入砂锅中，盖上砂锅盖，置小火上焖约 5 分钟
（6）将焖好的鸡翅从砂锅中取出码放整齐装盘</td></tr>
<tr><td colspan="2">特点：色泽红亮，翅肉酥烂，汤汁醇鲜，香味扑鼻</td></tr>
</table>

菜例 7-40　油焖春笋	
主料：春笋 500 克 调料：花椒 10 粒，白糖 25 克，酱油 100 克，味精 5 克，芝麻油 15 克，植物油 75 克 	制法： （1）将春笋洗净，对半剖开，用刀拍松，切成长 5 厘米的段 （2）将炒锅置中火上，下入植物油，烧至五成热，投入花椒，炸焦捞出，随即将春笋下锅煸炒 2 分钟，加入酱油、白糖和清水 100 克，改用小火焖烧 5 分钟，至汤汁稠浓时，放入味精，淋上芝麻油，装盘即成
特点：色泽红亮，鲜嫩爽口	

7. 代表菜品

“酒焖鸡”“黄焖羊排”“黄焖鱼”“红焖羊肉”“南瓜酒焖肉”等。

四、㸆

1. 定义

㸆是原料经炸、蒸、煮、氽等初熟制备后，利用浓味的原料和鲜汤，加上调味品，盖上锅盖，利用小火和通过较长的时间将鲜味加入主料中，入味成熟，收成浓汁的一种烹调方法。

根据选用原料的性质和成熟度，㸆可以分为熟㸆和生㸆，以熟料㸆制的称熟㸆，以生料㸆制的称生㸆。

2. 工艺流程

原料选择 → 切配 → 初步熟处理 → 调味㸆制 → 小火收汁 → 装盘

3. 注意事项

（1）㸆制菜品的原料要求选用新鲜易熟的鸡、鸭、鱼、虾等，一般加工切配成块、厚片、条，要求大小均匀，以使原料成熟一致。

（2）㸆制原料切配后，需经过油炸、蒸、煮等方法制成半成品。原料需㸆至入味，汤汁多少以能包裹原料为宜，否则影响口感。

4. 操作要点

（1）无论是熟㸆，还是生㸆，都必须㸆至入味。

（2）㸆制菜肴出锅装盘后，可用绿色蔬菜进行点缀，以增加菜肴的色泽。

（3）当㸆制完毕时，加入的葱、姜调味品需拣出来，以保持菜肴的清爽整洁。

5. 成品特点

汁浓味醇，色泽明亮。

6. 菜品举例

菜例 7-41　㸆大虾

主料：大虾 500 克

配料：生菜 100 克

调料：植物油 75 克，绍酒 30 克，白糖 75 克，米醋 25 克，大葱 1 段 15 克，姜 10 克（拍松），精盐 3 克，味精 3 克

制法：

（1）将大虾剪去须、脚后，整理好，切成两段（也可整只不切）

（2）炒锅中放入植物油，烧至六成热时，投入葱段、姜块煸炒出香味后，放入大虾，用手勺不停推动。当虾微红时，烹入绍酒和米醋，再加精盐、白糖和清水 50 克，移小火上慢㸆。汤汁浓稠时，再移旺火上收浓汤汁，淋上明油出锅，摆入盘中

（3）余汁加味精炒浓，浇在虾段上，生菜点缀在虾盘边上即成

特点：味浓醇厚，甜咸鲜嫩

7. 代表菜品

“㸆冬瓜”“㸆老鸭”等。

第五节　烤、炖、蒸、烩

一、烤

烤是将烹调原料腌渍入味或加工处理后，采用燃料燃烧的热量或电、远红外线等介质，利用辐射热直接或间接使原料成熟的一种烹调方法。

烤制菜肴具有色泽美观、形态完整、皮酥肉嫩、香味醇浓的特点。根据烤炉设备及操作方法的不同，烤可分为暗炉烤、明炉烤和泥烤三大类。

1. 暗炉烤

（1）定义。暗炉烤又称“挂炉烤”，是使用封闭型的烤炉、烤箱烤制，将原料挂于炉内烘烤至熟的方法。此法的优点是：温度较稳定，原料四面受热均匀，容易成熟，所用时间较短。烤时需要将原料挂上烤钩、烤叉或放在烤盘内，再放进烤炉。一般烤生料的较多，并因烤制的品种不同而有较大的差异。

（2）工艺流程。

选择原料 → 初加工 → 码味 → 封闭烤制 → 刀工处理 → 装盘 → 上桌跟味碟

（3）注意事项。

1）形大、不易成熟的原料烤制时间较长，但烤炉内的温度不可太高。形较小、易成熟的原料，炉内温度要高一些，加热时间可短一些。

2）烤箱使用时有一个预热过程。当升至所需温度时，才能将原料送至烤炉内。

3）暗炉烤的原料大多要事先调味，形大的原料腌渍的时间要长一些。

4）烤制好的菜肴应迅速上桌，以保持其脆度、香味和色泽。

（4）操作要点

1）烤制时烤炉需提前预热，待炉内温度达到要求时方可放入原料进行烤制。

2）应根据原料大小选择适宜的温度，并把握好烤制时间长短。

（5）成品特点。色泽金黄，表皮酥脆，内里软嫩。

（6）菜品举例。

菜例 7-42　叉烧肉

主料：后腿肉或五花肉 1 千克

调料：精盐 15 克，白酒 20 克，白糖 80 克，酱油 25 克，八角粉 2 克，豆瓣酱 15 克，柱侯酱 50 克

制法：

（1）将肉去皮，切成约长 40 厘米、宽 5 厘米、厚 2 厘米的肉条，全部调味品放入盆内与肉条拌匀，腌渍约 1 小时，中途翻拌两次

（2）将腌渍好的肉条，穿上叉环（用铁条制成的叉肉工具，呈倒丁字形。横铁条两头穿上肉条，中间的竖铁条顶端有挂钩，用以挂入叉烧炉内烤制）。穿时应将瘦肉及半肥半瘦的肉分开，各穿一环。穿半肥半瘦的肉时，应将肥瘦肉都穿入环内，以免烤时肥肉脱叉，掉下炉底。肉条穿好后，将叉环逐排挂入叉烧炉内。挂时将瘦肉部分靠向热源，肥肉部分靠向炉壁，将熟时再将叉环转一面，这样可避免肥肉失油过多而影响质量。入炉后，将炉盖盖紧，火力先弱后强，并经常注意火力变化，不使火力过强或过弱。因为火力过强肉易烤焦；火力过弱则肉色不鲜明，酥香味较差，且容易变质。烤约 30 分钟至肉条呈金黄色时取出，装盘上桌

特点：色泽金黄，肉质内咸外甜，肥肉甘甜不腻

（7）代表菜品。“广东烧鹅”“暗炉烤鱼”“吊烧乳鸽”等。

2. 明炉烤

（1）定义。明炉烤是将加工好的原料用特制的烤叉叉好，在敞口的火炉、火盆、烤盘上反复烤制原料，使表皮酥脆成熟的一种方法。此法的优点是设备简单，方便易行，火候、成熟度、色泽较易掌握；缺点是由于火力分散，烤制的时间较长，难度比较大。

（2）工艺流程。

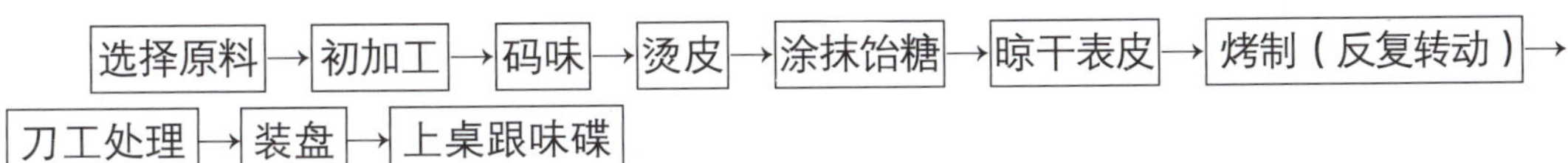

（3）注意事项。

1）烤制的菜肴应选用外表皮完整的原料，如乳猪、肥鸭等。

2）烤制的原料需要经过腌渍、吹气上叉烫皮、涂抹饴糖、晾干表皮等过程。在腌渍时盐要擦透。吹气要适中，不可吹得过绷。上叉要掌握部位，尽量避免叉破表皮。烫皮时原料不可放入沸水中，只能用手勺舀沸水浇在原料的表面，烫得过度皮易破，烫得不透，烤出来的色泽不佳，也较难烤熟。涂抹饴糖要及时，并且要涂抹均匀。

（4）操作要点。

1）切不可将原料直接放在炉上烤，也不可在火焰燃烧很强烈时上炉烤。因为这样会影响原料的色泽，容易造成食品污染，也会造成外焦内不熟的现象。

2）烤制时要不断转动原料，不易成熟的部位要反复烤，直至成熟。

（5）成品特点。质地细嫩，色光明亮，酥润喷香，表皮酥脆，香味独特。

（6）菜品举例。

<table>
<tr><th colspan="2">菜例 7-43　金陵烤鸭</th></tr>
<tr><td>主料：光鸭 1 只（约 5 千克）
配料：青菜叶 5 克，饴糖 5 克，葱段 50 克，薄饼 12 张
调料：甜面酱 50 克，香葱叶 250 克，花椒 0.5 克，姜片 10 克，芝麻油 50 克
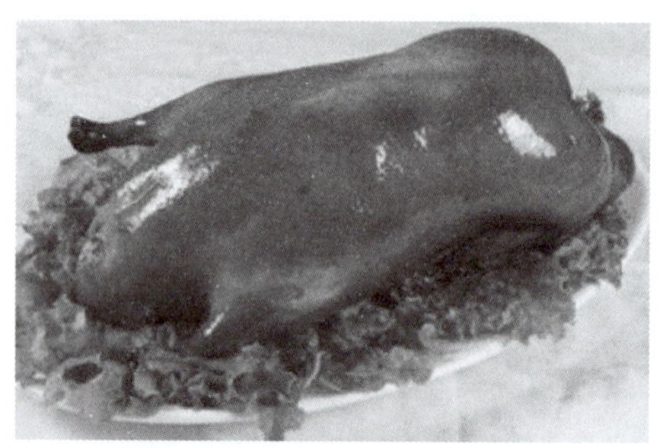</td><td>制法：
（1）将光鸭洗净，在右翅下开一个小口，抽出气管，取出内脏，洗净沥干。将青菜叶、香葱叶洗净，将香葱叶、姜片塞入鸭子肛门，花椒、青菜叶填入鸭腹内，使肚膛饱满
（2）将烤叉从鸭腿下裆插入，穿过胸骨至肩骨，颈皮穿口 5 厘米戳通，将鸭头卡住叉尖
（3）将锅置旺火上，舀入清水 5 千克烧沸，将鸭头浸入水中，舀沸水浇淋鸭身，使鸭皮绷紧出现毛孔，然后趁热用饴糖水抹匀鸭身，放在通风处吹干
（4）将鸭放入烤炉内，先烤两肘，再烤脯肉，鸭肉成熟时，离火用芝麻油刷一遍鸭皮，然后将火拨旺，烤至鸭皮“吱吱”作响、毛孔微微冒出油花、皮呈金红色时离火退叉。食用时片下鸭肉装盘，嵌上头尾，配以薄饼、甜面酱、葱段同食</td></tr>
<tr><td colspan="2">特点：色泽红亮，酥润喷香，食而不腻</td></tr>
</table>

菜例 7-44 明炉烤牛肉

主料：牛里脊肉 250 克

配料：葱丝 120 克，香菜末 30 克

调料：酱油 20 克，绍酒 20 克，虾油 10 克，精盐 5 克

制法：

（1）将牛里脊肉洗净，先放在通风处吹干水分，再片去肉筋、碎骨、肉膜等杂质，放入冰箱冻硬。将冻好的牛肉切成薄片，厚度与涮羊肉的肉片相同，并且肉片不宜过大，否则容易烤老。按食客喜好，将酱油、绍酒、虾油和精盐调成味汁，与牛肉拌匀

（2）将牛肉烤盘烧热，随即将葱丝放在烤肉盘上，再把入味的牛肉放在葱丝上，迅速搅拌，烤至葱丝变软、牛肉约八成熟时，放入香菜末，不断翻动，烤至牛肉刚熟即取出，及时食用

特点：色泽紫褐，牛肉质地细嫩，味咸鲜香醇

（7）代表菜品。广东菜“烤乳猪”，北京菜“烤鸭”，新疆菜“烤全羊”“烤羊肉串”等。

3. 泥烤

（1）定义。泥烤是生料通过调味品腌渍，然后用荷叶、玻璃纸包扎，再用酒坛泥把包好的原料裹住，放在电烘箱中烧烤至酥香成菜的一种烹调方法。

（2）工艺流程。

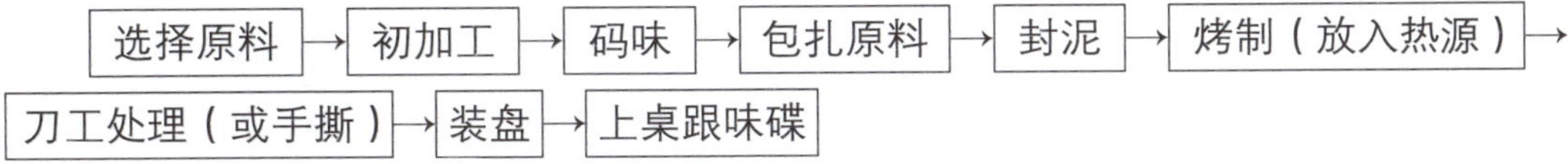

（3）注意事项。

1）泥烤主要以禽类原料为主，畜肉类、鱼类为辅。

2）泥烤的原料必须经过腌渍入味，烤制过程中不加任何调味品。

3）泥烤的包裹料常用的有猪网油、荷叶、玻璃纸、黄泥（酒坛泥）等。

（4）操作要点。

1）注意火候的掌握，一般先用小火将泥烤干，防止开裂，再升温至原料烤熟。

2）泥烤时也应注意翻身，使原料成熟度一致。

3）为了卫生的需要，有些地区将黄泥改为湿面团，效果很好。

（5）成品特点。热量缓慢透入，里面香味不易散发，成品香味浓郁，质感酥嫩，烤制简单，风味独特。

（6）菜品举例。

<table>
<tr><th colspan="2">菜例 7-45 叫花鸡</th></tr>
<tr><td>主料：鸡1只（约1.5千克）
配料：鸡肫丁50克，瘦猪肉丁100克，虾仁50克，火腿丁25克，猪网油400克，鲜荷叶4张
调料：绍酒50克，精盐5克，酱油500克（约耗100克），白糖20克，葱花25克，姜末10克，丁香4粒，八角2枚，玉果粉0.5克，芝麻油50克，熟猪油50克
</td><td>制法：
（1）将鸡去毛去脚，在左腋下开长约3厘米的小口，挖去内脏，抽出气管和食管，洗净血污后沥干水分。用刀背敲断鸡翅骨、腿骨、颈骨（不能破皮），然后放入钵中加酱油475克、绍酒25克、精盐，腌渍1小时后取出。将丁香2粒、八角1枚一并碾成末，加玉果粉和匀后擦抹鸡身
（2）将锅置旺火上烧热，加入熟猪油烧至五成热时，放入葱花、姜末、八角煸炒，然后放入虾仁、猪肉丁、鸡肫丁、火腿丁翻炒，再烹入绍酒、酱油、白糖，炒至断生即为馅料。待晾凉后，将馅料从鸡腋下的刀口处填入鸡腹，将鸡头塞入刀口中，两腋各放1粒丁香夹住，用猪网油紧包鸡身，先用荷叶2张包裹，再用玻璃纸包裹，外面再包一层荷叶，然后用细麻绳扎成长圆形
（3）将酒坛泥碾碎，加清水拌和搅黏，平摊在湿布上（泥的厚度约为2厘米），将捆好的鸡放在泥中间，把湿布四角拎起紧包，使泥将鸡粘牢、粘匀，然后揭去湿布，再用包装纸包裹
（4）将鸡放入烤箱，用旺火烤40分钟。如发现泥干裂，用湿泥补裂缝，再用旺火烤30分钟后，改用小火烤80分钟，最后用微火烤90分钟即熟。将鸡取出敲掉泥，揭去荷叶、玻璃纸，淋上芝麻油即成</td></tr>
<tr><td colspan="2">特点：香味浓郁，酥烂肥嫩，风味独特</td></tr>
</table>

（7）代表菜品。“叫花鸭子”。

二、炖

炖是将经过加工处理的原料放入炖锅或其他陶制器皿中，加水或鲜汤，用大火烧沸后转小火或微火炖至原料熟软酥烂的一种烹调方法。

炖制菜肴具有汤多味鲜、原汁原味、形态完整、酥而不碎的特点。炖菜中，汤清且不加配料炖制的叫清炖，汤浓而有配料的叫混炖，它们的烹制手法相同，只是口味略有差异。根据加工方法不同，炖可分为隔水炖、不隔水炖和蒸炖。

1. 隔水炖

（1）定义。隔水炖是将加工后的原料放入盛器内，容器放至水锅中加热成熟的烹调方法。

（2）工艺流程。

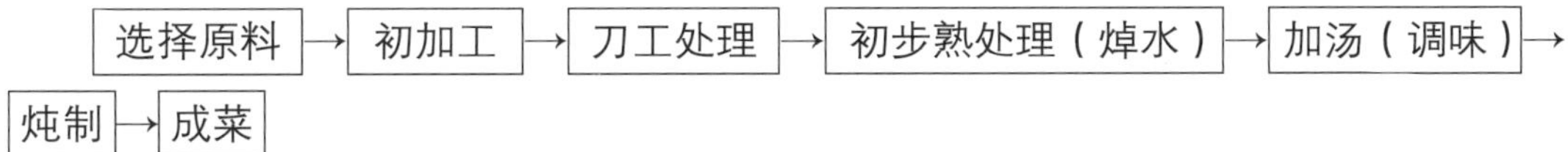

（3）注意事项。

1）隔水炖是一种加热时间较长，除异味能力较低的加热方法，所以，要求选料新鲜，结缔组织多，原料老韧。在初步加工时，要刮洗干净，切成大块或整块原料。

2）隔水炖采用间接受热，加热时间慢而长，容器加盖密封，原料中的香气、鲜味、水分不容易蒸发，保持了原汁、原味、原形的特点。

3）原料要经过焯水，去掉血腥和浮沫，捞出洗净，放入炖锅或陶制器皿内，添足汤汁，加入调味品，以纸封口，再放入水锅中进行隔水蒸炖。

（4）操作要点。

1）原料要进行焯水，以达到去腥膻、异味、去杂质的目的。

2）原料要洗涤，然后放入器皿内加入去腥调味料和汤水，加盖封口，放入水锅中炖（锅内的水要低于器皿，以水滚沸时不浸入为度）。

3）炖制的菜肴最好选用陶瓷器皿，它既是盛器，也是导热体。

4）炖制酥烂后，临上桌前调味，并要趁热上桌。

（5）成品特点。味醇汤清，原汁原味，酥而不碎，形整味鲜，香味浓郁。

（6）菜品举例。

菜例 7-46　红花官燕	
主料：水发燕窝 20 克 配料：小蜜瓜 1 个，藏红花 0.5 克 调料：冰糖 20 克，纯净水 200 克 	制作过程： （1）藏红花涨发清洗干净备用，燕窝涨发清洗干净备用，小蜜瓜修成炖盅状 （2）将燕窝放在炖盅内，加冰糖、纯净水后加盖，上蒸笼大火烧开后转小火隔水炖 30 分钟 （3）将炖好的燕窝倒入小蜜瓜“炖盅”中，撒上藏红花，上笼略蒸即可
特点：口感滑嫩，营养丰富	

菜例 7-47　清炖鸡	
原料：鸡 1 只（约 1 千克） 调料：精盐 5 克，味精 1 克，黄酒 10 克，葱段、姜片适量 	制法： （1）去掉鸡的内脏，将鸡在水锅中焯清血污后取出洗净，放在陶制的容器中，再将调料全部放入容器，加水约 500 克，用纸密封，勿使透气 （2）将密封好的容器放入水锅中，锅中的水要低于锅内容器，并盖紧锅盖，用中火炖约 3 小时，至鸡肉酥烂即成
特点：汤汁清鲜，鸡肉酥香	

（7）代表菜品。“虫草炖老鸭”“汽锅鸡”“淮山炖甲鱼”等。

2. 不隔水炖

（1）定义。不隔水炖是将加工后的原料放入陶制器皿中，加调味品和水直接放在火上，用旺火或中火烧开，用小火或微火加热成熟的烹调方法。

（2）工艺流程。

选择原料 → 初加工 → 刀工处理 → 初步熟处理（焯水）→ 加汤 → 炖制（旺火或中火烧开，再用小火或微火）→ 装盘 → 成菜

（3）注意事项。

1）应选用新鲜的、蛋白质含量丰富的、结缔组织较多的动物性原料或形态较大的植物性原料。

2）原料在炖制前要进行焯水，并要洗净。

3）凡炖制的菜肴，汤汁最好是一次性加足，盛器一定要加盖。在加热过程中，不能屡屡掀盖。

（4）操作要点。

1）要掌握火候，先用旺火，再用中小火，最后用微火。

2）要防止砂锅破裂，锅中的水如太多，滚沸时溢出的水很容易导致容器破裂。

3）临起锅前再调准口味，不勾芡，上菜时锅内要保持沸腾。

（5）成品特点。质地软烂，汤汁清醇，原汁原味，香味浓郁。

（6）菜品举例。

<table>
<tr><th colspan="2">菜例 7-48　清炖蟹粉狮子头</th></tr>
<tr><td>主料：猪肋条肉（肥七成，瘦三成）800 克
配料：蟹黄 50 克，蟹肉 125 克，青菜心 1 250 克，虾子 1 克，猪肉汤 300 克
调料：绍酒 100 克，精盐 10 克，葱姜汁 300 克，干淀粉 25 克，熟猪油 50 克
</td><td>制法：
（1）将猪肉细切粗斩成石榴米状，放入钵内，加葱姜汁、蟹肉、虾子、精盐、绍酒、干淀粉搅拌上劲；选用长 7 厘米左右的青菜心洗净，菜头用刀剞成十字刀纹，切去菜叶尖
（2）将锅置旺火上，舀入熟猪油 40 克，放入青菜心煸至翠绿色后加精盐、猪肉汤，烧沸后离火。取一口砂锅，用熟猪油 10 克擦抹锅底，再将菜心排入，倒入肉汤，置中火上烧沸。将拌好的肉馅分成几份，逐份用双手来回翻动 4～5 下，搓成光滑的肉圆，逐个放在菜心上。再将蟹黄分嵌在每个肉圆上，盖青菜叶后盖上锅盖，烧沸后移微火炖约 2 小时，上桌前去掉菜叶</td></tr>
<tr><td colspan="2">特点：肥而不腻，原汁原味，汤质清鲜</td></tr>
</table>

<table>
<tr><th colspan="2">菜例 7-49　炖占肉</th></tr>
<tr><td>主料：猪肥瘦肉 100 克
配料：水发香菇 1 个，菜心 1 颗
调料：蛋清 20 克，精盐 3 克，味精 1 克，胡椒粉 1 克，葱姜水 20 克，粉芡 20 克，料酒 5 克
</td><td>制法：
（1）猪肉切丁，水发香菇切丁，加葱姜水、蛋清、粉芡、精盐、料酒、味精拌匀，团成大丸子
（2）菜心焯水后备用
（3）锅中加水，加热至五成热时，下入大丸子，水沸后去掉浮沫，微火炖制 1.5 小时，再放入焯过水的菜心，加入精盐、味精、胡椒粉调味，出锅装入盛器即可</td></tr>
<tr><td colspan="2">特点：汤味鲜醇，嫩而不腻</td></tr>
</table>

（7）代表菜品。“小鸡炖蘑菇”“乱炖”“家常炖母鸡”等。

3. 蒸炖

（1）定义。蒸炖是将焯好水的原料放入陶瓷器皿中，加汤、调味品后加盖密封放入蒸笼上加热成熟的烹调方法。

蒸炖与隔水炖的加热原理相同，只是在加热时间上有所区别。蒸炖时，由于器皿完全置于高热的蒸汽中，加热时间要比隔水炖短一些。

（2）工艺流程。

选择原料→初加工→刀工处理→初步熟处理（焯水）→加汤（调味）→蒸炖→成菜

（3）注意事项。

1）有些菜肴在蒸炖时，为了保持菜肴的嫩度，要运用小火蒸炖，也有的菜肴选用大火蒸炖。因此，蒸炖时要灵活掌握火候。

2）在加热过程中的温度比较稳定，原料内的鲜味物质能缓慢分解，使菜肴成品达到味醇汤清、形整色正、质酥鲜美的特殊效果。

（4）成品特点。汤汁清澄，口味醇香，原汁原味，鲜香味不易走失。

（5）菜品举例。

菜例 7-50 五子炖鸡

主料：活母鸡 1 只（约 1 千克）

配料：莲子 20 粒，枸杞子 10 粒，红枣 10 粒，松子 20 粒，五味子 10 粒

调料：精盐 3 克，绍酒 10 克，葱、姜各 20 克

制法：

（1）将活母鸡宰杀、煺毛、去内脏后洗净，放入锅中焯水，加葱姜、绍酒，烧沸后撇去浮沫，煮至断血时捞出。然后吊清原汤，将莲子去皮去心，将配料中“四子”洗净待用

（2）将鸡洗净，从脊背剖开，剁去脊骨后扣入砂锅中，再放入“四子”和红枣，将原汤倒入，加精盐，用保鲜纸封口加盖

（3）将砂锅上笼，用中火蒸约 2 小时，至酥烂后取出。上席后去盖，揭掉封纸即成

特点：汤色淡红，清而见底，肉质鲜嫩酥烂，香味浓郁

（6）代表菜品。“人参炖乌鸡”“凤爪炖鱼胶”等。

三、蒸

蒸是指以水蒸气为传热介质，使经加工切配、调味、盛装的原料成熟或酥烂入味的烹调方法。绝大部分蒸制的菜肴需要在蒸制前调味，也有少部分需要在蒸制后调味。

蒸制菜肴时，由于蒸笼内蒸汽的温度已达到饱和并有一定的压力，菜肴受热均匀且滋润度高；又由于蒸制时原料不能翻动，原料间所含的物质渗透交换受限，因此菜肴具有原形不变、原味不失、保持原汤原汁的特点。蒸的适用范围非常广泛，无论原料是大型还是小型，整型还是散型，流态还是半流态，质老难熟还是质嫩易熟，都可以运用此法。蒸法要根据原料的性质和菜肴的要求，正确使用火候，其中包括蒸汽的大小、加热时间的长短、笼锅技术的应用等。

蒸既是一种简便易行的烹调方法，又是一种技术复杂、要求很高的烹调方法。在蒸制过程中应该注意：

（1）制作时必须选用新鲜、无异味的原料。因为原料在蒸制时，笼内的水蒸气已达到饱和状态，压力较高，倘若原料稍有异味是无法去除和掩盖的。

（2）凡要求质地鲜嫩，只要求蒸熟、不要求蒸酥的菜肴，一般都采用旺火沸水速蒸，如“清蒸鱼”“粉蒸牛肉片”等。凡原料质地较老、体形大，且需要蒸制酥烂的菜肴，

应采用旺火沸水长时间蒸制，具体时间长短还应视各种原料的酥烂程度而定。凡质地较嫩或经较细致加工、要求保持造型的菜肴，应选用中小火蒸制，如“兰花鸽蛋”“蛋烧卖”“金鱼鸭掌”等。

（3）在蒸制菜肴过程中，无论采用哪一种蒸法，都必须注意蒸锅中的水量。蒸锅中的水量如果过少，蒸制出来的菜肴容易发黄、干瘪，原料也不易蒸熟。使用蒸笼时应注意以下几点：一是汤水少的菜肴应放在笼屉上层，汤水多的菜肴应放在下层；二是色淡的菜肴应放在笼屉的上层，色深的菜肴应放在下层，以防止色深菜肴的汤汁溢出影响色淡菜肴；三是不易成熟的菜肴放在笼屉上层，较易成熟的菜肴放在下层；四是有些要求原汁原味的菜肴在上笼屉蒸时，要求用玻璃纸封口，以防止蒸笼的回水滴入菜肴中，影响菜肴的滋味和香味。

根据加工方法的不同，蒸可以分成清蒸和粉蒸。

1. 清蒸

（1）定义。清蒸是主料经加工成半成品后，加入调味品，添入鲜汤蒸制；或者原料经加工后，加入调味品装盘，直接蒸制成菜的烹调方法。

（2）工艺流程。

原料选择→初加工→初步熟处理→刀工→装盘调味→蒸制→成菜

（3）注意事项。

1）清蒸菜肴要求原料的新鲜程度高，无异味。原料在初加工时要洗净，拔尽残毛，洗净血污。家禽、家畜类等需长时间蒸的原料，还需焯水、洗净，并以整型或大块原料为主。鲜鱼类清蒸，以及需旺火速蒸的菜肴，一般以块、段或整鱼剞花为主。

2）原料经刀工处理后，装入器皿中，加入调味品和鲜汤蒸制。清蒸菜肴的味型一般以咸鲜味为主。

3）对要求软熟的菜肴，需用旺火沸水长时间蒸；对要求细嫩的菜肴，需用旺火沸水速蒸，或中火沸水慢蒸。具体蒸制的方法，还要根据菜肴的质量要求而定。

（4）操作要点。

1）清蒸类菜肴最好放在蒸笼的上层，以防蒸制时被上层其他菜肴的汤汁色泽污染和串味。

2）清蒸菜肴成菜后，要拣去姜块、葱段、花椒等，以保持菜肴清爽整洁。

3）焯水的原料在焯水时要控制好加热的程度。捞出原料后，仍需将原料用清水漂洗干净，使其洁净。刀工适宜在晾凉后进行，这样既利于刀工，又使原料形态美观。

4）要分清蒸制菜肴成菜后的质感，并以此决定其蒸制方法。

5）对于旺火长时间蒸的菜肴，可做保温蒸制处理；对于其他方法蒸制的菜肴，成菜后要及时上桌食用。

（5）成品特点。保持菜肴本色，汤清汁宽，质地细嫩或软熟，清淡爽口。

（6）菜品举例。

<table>
<tr><th colspan="2">菜例 7-51　清蒸刀鱼</th></tr>
<tr><td>主料：刀鱼 3 ~ 5 条（500 ~ 600 克）
配料：香菇 25 克，冬笋 25 克，火腿 30 克，虾子 2.5 克，香菜 2 棵
调料：精盐 2 克，绍酒 25 克，白糖 2 克，姜 3 克，葱 3 克，鸡清汤 50 克，猪油 25 克，白胡椒粉 0.5 克，猪网油 250 克
</td><td>制法：
（1）将刀鱼去鳍、鳃、鳞，在肛门处横划一小刀口，用竹筷从鳃口插入鱼腹，再绞去内脏，洗净。另将香菇、冬笋、火腿均切成薄片
（2）将刀鱼尾巴提起放入沸水中烫一下，以去腥味。把猪网油用温水洗净，再用洁布吸去水分
（3）把刀鱼放入盘中，将火腿片、冬笋片、冬菇片间隔地排在鱼身上，加精盐、绍酒、白糖、虾子、鸡清汤和猪油，盖上猪网油，再放入葱段、姜片
（4）刀鱼上笼，用旺火蒸熟取出后揭去猪网油，拣去葱姜，将鱼盘中的卤汁滗入碗中，加白胡椒粉调和再浇在鱼身上，放上香菜即成</td></tr>
<tr><td colspan="2">特点：色泽悦目，肉质鲜嫩肥美</td></tr>
</table>

<table>
<tr><th colspan="2">菜例 7-52　清蒸鳜鱼</th></tr>
<tr><td>主料：鳜鱼 1 尾（约 750 克）
配料：火腿片 3 片（约 25 克），笋片 6 片，香菇 3 朵
调料：姜片 2.5 克，葱段 1 个，绍酒 25 克，精盐 2.5 克，味精 3 克，清汤 50 克，熟鸡油 10 克
</td><td>制法：
（1）将鳜鱼剖洗干净，放在沸水锅中汆一下捞起，用刀轻轻刮去鱼身上的黏液（防止鱼皮和胸鳍破损）
（2）把鱼平放在砧板上，用刀贴着脊骨从头至尾划一长刀，将鱼翻身，每隔 2.5 厘米斜片一刀，刀深至骨为宜
（3）取大腰盘一个，放入鳜鱼（刀面朝上），加绍酒、姜片、葱段和火腿片，上笼用旺火蒸约 15 分钟，出笼后拣去姜片和葱段，原汁注入小碗内。香菇、笋片在沸水中焯熟，在鱼身的两侧各放笋片 3 片，火腿片与笋片间隔排放，香菇盖在笋片上。把原汁倒入炒锅，加清汤、精盐、味精和熟鸡油煮沸，浇在鱼身上即成</td></tr>
<tr><td colspan="2">特点：色泽淡雅悦目，味似蟹肉，细嫩肥美</td></tr>
</table>

（7）代表菜品。“清蒸鲥鱼”“清蒸全鸡”等。

2. 粉蒸

（1）定义。粉蒸是原料经加工切配后，放入调味品腌渍，用适量的大米粉拌和均匀，上笼蒸制至软熟酥烂成菜的一种烹调方法。

（2）工艺流程。

原料选配 → 刀工处理 → 调味浸渍 → 拌匀米粉 → 装盛或包制 → 蒸制 → 成菜

（3）注意事项。

1）粉蒸原料要选择质地老韧无筋，鲜香味足，肥瘦相间，或质地细嫩无筋，清香味鲜，受热易熟的原料。刀工以条、片、块等形状为宜。

2）粉蒸菜肴需先经调味品腌渍，渗透入味，口感才好。粉蒸菜肴的复合味较多，常用的有咸鲜味、咸甜味、五香味等。在调制复合味时，要把握菜肴的风味特色。

3）拌米粉时，要根据原料的质地老嫩、肥瘦比例来确定米粉的用量，一般掌握在 1∶0.1 ~ 1∶0.06 的幅度内，拌制的干稀程度要适当。

4）粉蒸原料有的用荷叶包起，有的直接蒸制。盛装蒸制时原料必须疏松，不能压紧压实，以免影响疏松度和成熟的一致性。

（4）操作要点。

1）调味时，应按照菜肴的要求、原料的质地性能、大小形状，掌握腌渍时间，使调味品渗透入味。

2）要求选用籼米，用小火炒至微黄，晾凉，再磨成细末。不能磨成细粉再炒熟，也不能选用糯米或全用粳米作为米粉原料。只有这样，成菜后米粉才能有疏松、滋糯、散口的质感。

3）对于缺少脂肪的原料，在调味过程中要加放油脂，成菜后才有油润滋糯的质感。

4）拌米粉要均匀，其干稀度应以原料湿润而不见汤汁为准。成菜后的质感与味感，应达到软熟、香鲜、醇厚、滋糯和不腻口。

5）蒸制粉蒸菜肴要一气呵成，中途不能灭火或突然降温，否则会出现回笼水，严重影响质量。

（5）成品特点。色泽金红或黄亮油润，软糯滋润，醇香浓鲜，油而不腻。

（6）菜品举例。

菜例 7-53　荷叶粉蒸肉	
主料：猪五花肉 600 克 配料：粳米 100 克，籼米 100 克，鲜荷叶 5 张 调料：葱丝 30 克，姜丝 30 克，山柰 0.5 克，八角 0.5 克，丁香 0.5 克，桂皮 1 克，甜面酱(已炒制)75 克，白糖 15 克，绍酒 40 克，酱油 75 克 	制法： （1）将粳米和籼米洗净，水分晒干；把八角、山柰、丁香、桂皮同米一起放在炒锅内，用小火炒拌至微黄色（防止炒焦）出锅，冷却后磨成粉 （2）将猪五花肉切成长 6 厘米、宽 2 厘米的块（共 10 块），并在每块中间直剞一刀 （3）将肉块放入盛器，加甜面酱、酱油、白糖、绍酒、葱丝及姜丝拌和，腌渍 1 小时。入味后，和入米粉拌匀，使每块肉的皮层和中间的刀口处都粘上米粉，制成粉肉 （4）把荷叶用沸水焯一下，切成 10 小张，每张放上“粉肉”1 份，包扎成小长方块，上笼用旺火蒸 2 小时左右即成
特点：肉质酥糯，清香不腻	

（7）代表菜品。“粉蒸牛肉”“粉蒸羊肉”等。

四、烩

1. 定义

烩是将加工成片、丝、条、丁、块等的各种原料放入锅中，加汤及调味品用旺中火短时间加热入味，勾以薄芡，使成品汤汁较宽的一种烹调方法。

2. 工艺流程

原料选择 → 加工、洗涤 → 刀工成型 → 初熟制备 → 炝锅出味 → 烩制 → 盛装成菜

3. 注意事项

（1）烩菜对原料有一定的选择性，通常选用熟料、半熟料或容易成熟的原料，如涨发后的干货原料，半成品的肉圆、虾圆、鱼圆等。烩菜大多是由两种以上的原料构成的。

（2）烩菜由于是短时间加热，原料切配要小，且加工成较易成熟、入味的形状。

（3）鲜汤是烩菜的主要调料，烩制菜肴时，要根据原料的性质和菜肴的要求有选择地使用各种汤调味。

（4）烩菜通常勾薄芡，而且要在旺火上进行，要让湿淀粉充分吸水膨胀。

4. 操作要点

（1）烩制时，要对主辅原料的色、香、味、质感、荤素比例等进行细致的安排，这样才能突出烩菜的风味特色。

（2）有些本身无鲜味和有异味的原料，如水发海参、鱿鱼等，可先用鲜汤煨制一下。有些不宜过分加热的原料，如番茄、蚕豆、菜心等，可在烩制即将成熟时或起锅前加入。焯水或滑油原料的初熟制备，要控制在刚熟的程度。

（3）烩制的时间要适宜，调制的复合味定型后勾芡起锅，尽量缩短烩制的成菜时间，以增加鲜香味。勾芡的稠度没有固定的标准，但要根据菜肴的质感，以食时清爽不煳，不掩盖色形为宜。

（4）由于原料质地不同，烩制时要注意投料顺序。勾芡的湿淀粉不宜过浓，下锅立即推拌均匀，防止结块或稀稠不均。

5. 成品特点

用料多样，汁宽芡厚，色泽鲜艳丰富，菜汁合一，口味清淡鲜醇，滑腻爽口。

6. 菜品举例

<table>
<tr><th colspan="2">菜例 7-54　拆烩鲢鱼头</th></tr>
<tr><td>主料：鲢鱼头 1 个（约 5 千克）
配料：蟹肉 60 克，青菜心 10 棵，笋片 50 克，火腿片 50 克，香菇片 25 克，鸡肉片 50 克，熟鸡肫片 25 克，虾子 5 克
调料：葱段 15 克，姜片 25 克，鸡汤 400 克，绍酒 100 克，精盐 4 克，白醋 5 克，白糖 1.5 克，味精 2 克，白胡椒粉 1 克，湿淀粉 25 克，猪油 500 克（约耗 150 克）
</td><td>制法：
（1）将鲢鱼头劈成两片，去鳃洗净，放入锅内，加水淹没鱼头，将锅置旺火上烧至鱼肉离骨时，将鱼头捞起去骨刺；锅内再换清水，放入鱼头肉，加葱段、姜片、绍酒，置旺火上烧沸后捞出，拣去葱、姜
（2）将青菜心洗净，菜头剞成橄榄形。将炒锅置中火上烧热，舀入猪油烧至四成热时放入菜心，用炒勺推动，至菜色翠绿时倒入漏勺沥去油
（3）将锅置旺火上烧热，舀入热猪油烧至五成热时，放入葱段、姜片，炸香后拣去葱、姜，放入虾子、蟹肉略炒后加绍酒、鸡汤、精盐、白糖，再放入笋片、香菇片、鸡肉片、鸡肫片、鱼头肉，盖上盖烧 10 分钟左右，后加入菜心、味精，烧沸后用湿淀粉勾芡，再淋入白醋、猪油，翻炒均匀后起锅装盘，撒上白胡椒粉，放上火腿片即成</td></tr>
<tr><td colspan="2">特点：鱼肉肥嫩，汤汁稠浓，口味鲜美，营养丰富</td></tr>
</table>

菜例 7-55 宋嫂鱼羹

主料：鳜鱼 1 尾（600 克左右）

配料：熟火腿 10 克，熟笋 25 克，水发香菇 25 克

调料：鸡蛋黄 3 个，葱段 25 克，姜块 5 克（拍松），姜丝 1 克，胡椒粉 1 克，绍酒 30 克，菜油 25 克，精盐 5 克，米醋 25 克，味精 3 克，清汤 250 克，湿淀粉 30 克，猪油 50 克

制法：

（1）将鳜鱼剖洗干净，去头，沿脊背片成两片，去掉脊骨及腹腔，将鱼肉皮朝下放在盆中，加入葱段 10 克、姜块、绍酒 15 克、精盐 1 克，稍腌后，上笼用旺火蒸 6 分钟取出，拣去葱段和姜块，卤汁滗在碗中；把鱼肉拨碎，除去皮和骨，将鱼肉放入卤汁碗中

（2）将熟火腿、熟笋和香菇均切成长 1.5 厘米的细丝，鸡蛋黄打散

（3）将炒锅置旺火上，下猪油 15 克、葱段 15 克煸出香味，舀入清汤，煮沸后，拣去葱段，加入绍酒 15 克、笋丝和香菇丝。再煮沸后，将鱼肉连同原汁入锅，加入菜油、精盐和味精，烧沸后用湿淀粉勾薄芡，然后将鸡蛋黄液倒入锅内搅匀。待羹汁再沸时，加入米醋，并淋上八成热的猪油 35 克，起锅装盆，撒上火腿丝、姜丝和胡椒粉即成

特点：色泽油亮，鲜嫩滑润，味似蟹肉

7. 代表菜品

“烩银丝”“烩鸭舌掌”等。

第六节 煨、汆、煮、涮

一、煨

1. 定义

煨是将经过初步熟处理后的原料放入陶制器皿中，加入较多量汤水后用旺火烧沸，再用中火或微火长时间加热至酥烂成菜的一种烹调方法。

2. 工艺流程

原料选择 → 初步加工 → 焯水 → 煨制调味 → 成菜

3. 注意事项

（1）煨多选用结缔组织较多，蛋白质、脂肪含量较丰富的原料，如牛筋、牛蹄、猪蹄髈等。

（2）原料大多要进行初步熟处理（如煎、炸、焯水等），其目的是除去异味，增加汤汁的浓度和香味。煨制的原料不可切得太小。

（3）用旺火烧沸后加入去腥调味料，撇去浮沫，转入中火煨至酥烂。

（4）煨多使用无色调味品。

（5）煨菜要求汤汁浓白、醇厚。

（6）煨法是加热时间最长的烹调方法之一，故选用原料均是整只的家禽、大块的肉类等。

4. 操作要点

（1）煨制菜肴要根据原料性能、质地，酌加各种香料、调味料，以免冲淡主味。

（2）原料加入汤汁烧沸后，移至小火或微火上煨。要保持汤汁似沸非沸状态，使汤汁清、原料形状完整。

（3）原料焯水后用清水洗净，以保持汤清味醇。

（4）煨制要一次加足水，不宜中途加水或加调料。

5. 成品特点

原汁原味，软糯酥烂，味鲜醇厚，汤宽而浓。

6. 菜品举例

<table>
<tr><th colspan="2">菜例 7-56　煨脐门</th></tr>
<tr><td>主料：熟鳝鱼肉 500 克
配料：虾子 0.25 克，蒜瓣 150 克
调料：绍酒 10 克，精盐 5 克，胡椒粉 2 克，鸡清汤 500 克，熟猪油 150 克，白酱油 20 克，白醋 2 克
</td><td>制法：
（1）将熟鳝鱼肉撕成长约 8 厘米的段，洗净后放入沸水中浸一下捞出，然后沥干水分
（2）将锅置旺火上，舀入少量熟猪油，烧至六成热时放入蒜瓣，炸香后将锅端离火口，用漏勺捞出蒜瓣，将锅内热油倒入放有竹垫的砂锅内，将鳝鱼肉放入砂锅，加入白醋、白酱油、绍酒、精盐、虾子，舀入鸡清汤，加盖置于旺火上，烧沸后移小火上煨 1 小时，然后放入炸香的蒜瓣再焖 10 分钟，取出锅内的竹垫，将汤烧沸，撒上胡椒粉即成</td></tr>
<tr><td colspan="2">特点：汤汁浓厚，滋味鲜美</td></tr>
</table>

<table>
<tr><th colspan="2">菜例 7-57　母油整鸭</th></tr>
<tr><td>主料：母鸭 1 只（2 千克左右）
配料：猪爪 250 克左右，带皮猪肥膘 250 克，熟冬笋片 50 克，香菇 25 克，青菜心 1 棵
调料：绍酒 25 克，精盐 5 克，酱油 50 克，绵白糖 20 克，葱段 25 克，姜块 15 克，芝麻油 15 克，熟猪油 50 克
</td><td>制法：
（1）将鸭开膛，挖去内脏，斩去脚，去鸭臊，洗净，将鸭颈扭向右翅膀。猪爪刮洗干净，劈开斩成 4 块。将鸭、猪爪、肥膘一起放入锅中，舀清水 5 千克，将锅置旺火上烧沸，撇去浮沫，端锅离火，捞出食材洗净。把鸭胸脯朝下放入有竹箅垫底的砂锅中，两旁放猪爪、肥膘，再放入葱段、姜块（拍松）。原汤锅中加精盐、酱油、绵白糖，置旺火上烧沸，撇去浮沫，加绍酒，起锅倒入砂锅中，用圆盘压住鸭身，再盖上锅盖，置中火上烧沸后，移到微火上煨（保持微沸）约 3 小时至酥烂，揭盖，去压盘，拣去葱、姜、肥膘、竹箅，将鸭翻身(胸脯朝上)，放上熟冬笋片、焯水熟制后的香菇和青菜心
（2）炒锅置旺火上烧热，舀入熟猪油，烧至五成热时，放入葱段炸香，起锅倒入砂锅、盖上锅盖，再焖约 5 分钟，砂锅端离火，淋入芝麻油即成</td></tr>
<tr><td colspan="2">特点：肉质酥烂，汤色酱红，鸭形完整，香醇味美，鲜嫩肥壮</td></tr>
</table>

7. 代表菜品

“红煨牛肉”“辣子羊肉”“家乡煨大鸭”“烧煨面筋条”等。

二、汆

1. 定义

汆是将原料加工切配成极易成熟的形状，上浆或不上浆，或是将泥状丸子形的半成品放入鲜汤或沸水内，经大火短时间加热迅速至熟成菜的烹调方法。

2. 工艺流程

原料选择 → 加工切配 → 上浆或制泥 → 汆制 → 装碗成菜

3. 注意事项

（1）选择新鲜、无异味、质地细嫩的原料。剔除筋络，将主辅料切成丝、片、小块或花形，或将主料加工成泥状，辅料如蔬菜应选择易熟的叶菜类，将其加工成相宜的形状。

（2）有些需上浆的原料，根据汆制菜肴的要求，掌握好浆的稠稀厚薄。

（3）汆制成菜。一种方法为清汤汆，即原料上浆，待水沸后抖散下锅，变色起锅，另用清汤。另一种方法为混汤汆，原料不上浆，待水沸后下锅，加入调味料，沸后撇去浮沫，盛入汤碗成菜。

4. 操作要点

（1）汆制菜肴要求刀工严格，原料加工后要粗细一致，厚薄均匀，不能有连刀和碎渣，否则影响菜肴的美观和成熟时间。应选用新鲜细嫩、去骨、去皮、去筋膜、腥气味较小的原料。

（2）原料要沸水下锅，加热时间极短，一滚即成。原料在形状和大小上要易于成熟。片、丝、条、丸子等要求大小、厚薄一致，以便在汆时成熟一致。

（3）汆制的原料有些要上浆。如果原料是质地细嫩、含水量高的生料，在汆制前可进行上浆处理，这样可保持原料的鲜嫩。

（4）调料应在原料投入前或将原料烫好捞出后进行。汆制菜肴不勾芡。

（5）加工制作各种肉泥，要去筋剁细。原料上浆要上劲。汆制时，水要沸。否则，不上浆的原料易老，上浆的原料易脱浆，严重影响菜肴的质量。

（6）辅料不宜多加，以保证汆制菜肴的细嫩质感。对于成熟较慢的辅料，事先可进行焯水处理，以缩短成菜时间。

（7）不上浆的原料下锅后水沸，要撇去浮沫，保证菜肴清爽、美观。上浆的原料，待水沸后下锅，划散动作要轻。待原料变色断生后，捞出盛入碗中。原汤不用，另用清汤调味后，冲入碗中，这样能保证原料滑嫩的口感。

5. 成品特点

汤多而清鲜，滋味醇和清鲜，质地细嫩爽口。

6. 菜品举例

<table>
<tr><th colspan="2">菜例 7-58　茉莉花氽鸡片</th></tr>
<tr><td>主料：鸡脯肉 150 克
配料：新鲜茉莉花数朵
调料：精盐 2 克，味精 1 克，鸡清汤 500 克，鸡蛋 1 个，淀粉 15 克
</td><td>制法：
（1）将鸡脯肉去筋络，片成柳叶薄片，再用清水浸泡去血水，另将茉莉花择去花蒂待用
（2）将鸡片捞出沥水放入容器内，加精盐、味精拌匀，另取小碗将蛋清打散后，拌入鸡片，再加适量的干淀粉拌匀待用
（3）将鸡清汤倒入锅中用旺火烧沸，然后转小火，将鸡片分散下锅，一烫即捞出放入碗内，汤中加调味品，并撇去浮沫
（4）将茉莉花用开水烫一下，捞出花瓣，放入鸡片碗中，将调好味的汤冲入碗内即成</td></tr>
<tr><td colspan="2">特点：鸡片细嫩，汤汁味鲜，花香浓郁</td></tr>
</table>

<table>
<tr><th colspan="2">菜例 7-59　滑氽鲅鱼</th></tr>
<tr><td>主料：鲅鱼 10 尾（约 600 克）
配料：火腿片 15 克，嫩笋片 50 克，香菇 2 朵（切片），绿色蔬菜 15 克
调料：葱段 5 克，绍酒 10 克，精盐 3 克，味精 4 克，鸡蛋清 1 个，湿淀粉 10 克，清汤 750 克，猪油 10 克，鸡油 5 克
</td><td>制法：
（1）将鲅鱼去鳞、鳃和内脏，剖洗干净，斩头、去尾、去骨，取其连皮的肉，加入精盐、绍酒（4 克）、鸡蛋清和湿淀粉，搅匀上浆
（2）炒锅置旺火上，加水烧沸后，将上浆后的鲅鱼片抖散下锅，变色刚熟时捞出待用
（3）炒锅置旺火上，放入猪油，烧至四成热时，投入葱段煸香，加入绍酒（6 克）和清汤，烧沸后捞出葱段，再加入嫩笋片、绿色蔬菜、火腿片、香菇片，沸后撇去浮沫，加精盐、味精，最后将鲅鱼加入，淋上鸡油即成</td></tr>
<tr><td colspan="2">特点：汤鲜肉滑、色艳味美</td></tr>
</table>

7. 代表菜品

“清氽丸子”“奶汤氽鲫鱼”“豆花氽鱼片（豆花鱼片汤）”等。

三、煮

1. 定义

煮是将经初步熟处理的半成品，切配后放入汤汁中，先用旺火烧沸，再用中火或小火较长时间加热煮熟成菜的烹调方法。

川菜中还有一种水煮的方法，是将鸡、鱼、猪肉、牛肉等切片、码味、上浆，直接滑油后，放入调好味的汤汁中煮熟（有的菜肴需勾芡），使汤汁浓稠，后将鲜菜炒熟垫碗底，再盛入主料，撒上斩细的辣椒末、花椒粉，再泼热油成菜，如“水煮牛肉”“水煮猪肉”“水煮鱼”“水煮凤脯”等具有麻辣风味的菜肴。

2. 工艺流程

原料选择→加工切配→煮制→调味→装盆成菜

3. 注意事项

（1）煮菜以原料的本味为主，经过一定时间的加热，使原料中的呈鲜物质融于汤中。因此，应选用新鲜、腥膻味较少，蛋白质、脂肪含量较丰富的动物性原料和含蛋白质丰富、耐较长时间加热的植物性原料。

（2）凡含腥膻气味较重、血污较多的原料，在煮制之前都要进行焯水或过油处理，以去掉腥膻气味。

（3）要获得汤汁浓白的菜肴需用旺火，要获得汤清味鲜的菜肴需用小火。形小质嫩的原料需用大火短时间加热，形大质老的原料需用小火长时间加热。

（4）煮菜的汤汁要求一次性加足，不要中途加水或汤汁，以免影响菜肴的质量。煮制新鲜水产品时要用清水，煮制肉类、禽类、豆制品等原料时，最好用鸡清汤或浓白汤。要使汤浓白，可在煮制时添加适量的猪油，以增加汤的浓度。

（5）煮制菜肴时要加盖。

（6）调味品不宜早放，煮菜通常是在菜肴即将起锅时才调味，过早调味会使原料不易酥烂或蛋白质不易融入汤中。

4. 操作要点

（1）煮制菜肴时，酌情用姜、葱、花椒等调味品，以增强除异味增香味的作用。成菜时去掉其残渣，以保证菜肴的美观。

（2）煮制时要求成菜速度尽可能快，以保持菜肴良好的色、香、味效果。原料要细嫩，刀工要一致。

（3）煮制菜肴成熟后，要及时起锅成菜，过分煮制会影响菜肴的质量。

（4）要掌握好汤菜的比例，避免菜少汤多或汤少菜多。

（5）煮制菜肴要求选择新鲜、易熟的原料。蔬菜类原料应削去粗皮，撕去老筋。猪肉、禽肉原料应拔尽残毛，清洗干净。刀工成型，一般为丝或片状，部分蔬菜类原料要经过初步熟处理再煮。鱼类原料以段、块或整型为宜。

5. 成品特点

汤宽汁浓，汤菜合一，口味清鲜。

6. 菜品举例

<table>
<tr><th colspan="2">菜例 7-60　大煮干丝</th></tr>
<tr><td>主料：白豆腐干 300 克
配料：熟鸡丝 50 克，虾仁 50 克，熟鸡肫片 25 克，熟鸡肝片 25 克，熟火腿丝 10 克，冬笋片 30 克，焯熟的豌豆苗 10 克
调料：虾子 15 克，精盐 3 克，白酱油 15 克，鸡清汤 500 克，熟猪油 150 克
</td><td>制法：
（1）将黄豆制作的白色方豆腐干片成厚约 0.15 厘米的薄片，再切成细丝，放入钵中用沸水浸烫，浸烫时用竹筷轻轻翻动拨散细丝，然后沥去水分，再用沸水浸烫 2 次（每次约 2 分钟）后捞出，沥去黄泔水后放入碗中
（2）将锅置旺火上，舀入熟猪油（25 克）烧热，放入虾仁炒至乳白色后起锅，盛入碗中
（3）锅中舀入鸡清汤，放入干丝，再将熟鸡丝、熟鸡肫片、熟鸡肝片、冬笋片放入锅内，加虾子、熟猪油（125 克），置中火上烧约 15 分钟。待汤浓厚时，加白酱油、精盐，盖上锅盖烧约 5 分钟后端离火，将干丝盛在盘中，再将熟鸡肫片、熟鸡肝片、冬笋片、豌豆苗分放在干丝的四周，上放熟火腿丝、虾仁即成</td></tr>
<tr><td colspan="2">特点：色彩美观，绵软鲜醇</td></tr>
</table>

7. 代表菜品

“泰安烫豆腐”“水煮肉片”等。

四、涮

1. 定义

涮是将火锅里倒入特制的清汤、奶汤或鲜汤烧沸，将主辅料切成薄片状或其他形小质嫩的原料放入汤汁内短时间加热至熟，随即蘸上调味品食用，或者直接食用的一种烹调方法。涮是食客自烹自食的形式，可由食客根据爱好和口味，自行调味和掌握涮制时间。

2. 工艺流程

用料选择 → 加工 → 冷冻切片 → 组合调辅料 → 涮制 → 食用

3. 注意事项

（1）凡供涮制原料，在加工时要尽可能适应涮制需要。片要大而且要薄，对一些形状较小的原料，如虾仁、鲜贝等可用竹签穿起来，以方便涮制食用。

（2）涮锅中的汤汁要保持沸腾，如汤汁少时，可继续加汤。涮锅中的汤汁要适当调味，可加入适量的绍酒、盐和葱姜汁。

（3）可根据食客的喜好调制不同风味的调味料。涮常用的调味品有芝麻酱、花生酱、豆腐乳、酱油、辣酱油、辣油、虾油、香醋、盐、胡椒粉、葱、姜、蒜等。配料还有韭菜花、香菜末、糖蒜头等。

4. 操作要点

（1）选用羊肉时，要考虑肉质的老嫩、有无膻味、新鲜程度等。羊肉应剔除筋膜和脆骨等，否则，对刀工质量、涮制和食用的质感均有较大的影响。羊肉排压成型时，要分清羊肉纤维纹路，使切出的肉片呈横肌纤维状态，这样的肉片口感细嫩。

（2）将调味品组合成有多种复合味的味碟，使蘸食各具特色。涮制过程中，要不时增加鲜汤，保持汤量，以利于继续涮制，突出鲜汤的香鲜滋味。

（3）如无冷库和冰柜设备，可采用一层冰一层肉的方式压制冷冻，但效果较差。

5. 成品特点

主辅料品种多，选料多样，口味多变，鲜香细嫩，汤鲜味美，边涮边吃，自烹自食，别具风格。

6. 菜品举例

<table>
<tr><th colspan="2">菜例 7-61 涮羊肉</th></tr>
<tr><td>（按 10 人量计算）
主料：羊肉片 2 千克
配料：水发粉丝 250 克，冻豆腐 150 克，水发冬菇 200 克，金钩海米 30 克，芝麻烧饼（每只 50 克）20 只，面条 750 克
调料：米醋 75 克，辣椒油 100 克，腌韭菜花 50 克，虾油卤 100 克，芝麻酱 100 克，酱豆腐 50 克，葱花 100 克，香菜 100 克，绍酒 50 克，精盐、味精适量，芝麻油 100 克
</td><td>制法：
（1）食前，食客先用小碗自己调制调味品。调料有芝麻酱、虾油卤、酱豆腐、腌韭菜花、辣椒油、米醋、绍酒、葱花、香菜、精盐、芝麻油、味精等，可根据个人喜好适量调配。食辣者可酌加热油辣椒，食海鲜味者可加虾油卤等
（2）配料中，水发粉丝、水发冬菇、冻豆腐可与羊肉相间涮食，金钩海米可增加汤的鲜味，烧饼可边涮羊肉边同食，面条可在涮肉结束之后，利用锅中鲜汤煮之，以碗内调料拌食
（3）涮羊肉片一次不可涮太久，在沸汤中涮两三下，肉片变灰白时即可夹出、抖去汤汁，蘸调味品食之。荤素相间涮食，味最佳</td></tr>
<tr><td colspan="2">特点：调料、辅料、主料多样，从调味到涮食，均由食客自理，荤素搭配，主食菜肴兼备，菜嫩汤鲜，南北方食客均适宜</td></tr>
</table>

7. 代表菜品

“北京涮羊肉”“重庆火锅”“广东打边炉”等。

第七节 挂霜、拔丝、蜜汁、焗、嘟

一、挂霜

1. 定义

挂霜是将经过初步熟处理的小型原料，用炸熟或烤熟的方法加工成半成品，而后粘裹一层主要由白糖熬制的糖浆，快速晾凉后外表似粉似霜成菜的一种烹调方法。

2. 工艺流程

原料选择 → 加工处理 → 初步熟处理 → 挂霜、撒糖 → 成菜

3. 注意事项

（1）选用新鲜、无虫蛀、不变质的原料，加工时去皮、除核，清洗干净。原料成型以块、条、片、段、粒和原生态形状为主。

（2）初步熟处理的方法一般有过油（过油又分为挂糊炸和不挂糊炸）和烘箱烤熟。有的在过油前还要经过焯水，有的要蒸软制成型后再用油炸，还有的在制成后，再拍粉油炸等。

（3）撒糖有两种方式：一种是将成熟的原料堆放，直接撒糖粉；另一种是将成熟的原料堆放盘内后，淋入浓稠的糖液（清水与白糖熬稠晾凉），再撒上糖粉，这样效果更好。

（4）初步熟处理时，要防止原料被炸焦，以保持原料有较好的色泽。

（5）挂霜时，如出现结块不散，不宜采用打散的方法，最好用手分开，否则容易脱霜。

（6）挂霜类菜肴宜凉食。另外，还要注意挂霜菜肴的形、色和撒糖的方法，使其成型美观。

4. 操作要点

（1）挂霜原料（如花生、腰果、核桃仁等）最好采用烤制的方式成熟，这样糖液容易均匀地裹上。选用油炸制的原料时，一定要沥干油分，最好是用吸油纸将外表的油分吸掉，以免糖液挂不均匀。

（2）原料的熟处理是挂霜类菜肴质感的基础。油炸要外酥里嫩或外脆里糯，这样配合糖霜的质感，菜肴才有风味特色。

（3）挂霜的糖液不可在锅中熬制时间过长，火候也不能太猛，以避免糖液变色。

（4）熬制糖霜时，火力要小而且集中，火面最好小于糖液的液面，使糖液由锅中部向锅边沸腾，否则会影响色泽，导致制霜失败。熬制糖霜时，除了观察气泡、蒸汽外，还可铲起糖液使之下滴，当呈连绵透明的片状时，即达到了挂霜的程度。如果冒大气泡，则糖霜太嫩；如果糖液气泡变少，糖液接近固态时，则糖霜太老；如果气泡变少，稠浓度减小时，熬霜过头。这些都达不到挂霜效果，甚至会导致挂霜失败。

（5）挂霜时，放入的原料应迅速翻动、离火，待原料粘匀糖液后，要不停颠动，分散原料，生成糖霜状态。

5. 成品特点

色泽洁白如霜、甜香松脆可口。

6. 菜品举例

菜例 7-62　挂霜腰果	
主料：腰果 500 克 调料：白糖 300 克，糖粉 50 克 	制法： （1）将腰果放入铁盘内，上烤箱烤至香脆后取出晾凉待用 （2）将炒锅洗净后放入适量清水，待烧开后放入白糖，用中火熬至糖液浓稠、起小泡时炒锅离火，即可倒入腰果，炒匀出锅，同时撒上糖粉拨散，晾凉后即可装盘
特点：色白似霜、松脆香甜	

菜例 7-63　挂霜荸荠丸	
主料：荸荠肉 750 克 配料：面粉 50 克 调料：白糖 150 克，植物油 1 千克（约耗 75 克） 	制法： （1）将荸荠肉拍碎切末，挤去水，放在大碗中，加进面粉拌匀，做成 22 个丸子 （2）炒锅置中火上，下植物油，烧至五成热，投入荸荠丸子炸热捞出。待油温升至六成热时，将荸荠丸子下锅复炸至皮脆捞出，沥去油分 （3）另取一口炒锅置小火上，舀入沸水 125 克，加入白糖熬至糖液里小泡套大泡同时向上冒出时，将炒锅端离火，放入荸荠丸子，轻轻翻拌挂霜，晾凉后即成
特点：色白似霜，香甜松脆	

7. 代表菜品

“挂霜桃仁”“挂霜丸子”“挂霜花生米”等。

二、拔丝

1. 定义

拔丝是将原料加工成块状、球状或条状，经油炸制成半成品，放入白糖熬制起丝的糖液中，粘裹挂糖成菜，迅速装盘上桌，食用时用筷子夹起能拔出糖丝的一种烹调方法。

根据融化糖的介质不同，拔丝可分为水拔、油拔和水油混合拔三种。

（1）水拔就是用水作为传热介质，用中小火熬制糖液的一种方法。由于水的沸点为 100 ℃，糖液不易上色，因此，水拔出来的糖液颜色较浅，挂糖后的菜肴看起来显得晶莹透亮。

（2）油拔是以油为传热介质来融化糖的一种方法。这种方法技术难度较大。油拔的特点是：传热快，温度高，加热时间短，拔出来的丝明光油亮，细而长；但是，由于油的温度上升快，沸点高，糖遇到高温极易上色，因此油拔时油量不可过多。

（3）油水混合拔就是在炒锅内先放入少量的油滑锅，再加入适量的水，待水沸后加入糖用中小火进行熬制。水油混合拔拔出来的糖丝色微黄，丝长且脆。

2. 工艺流程

选料加工→刀工处理→挂糊（或不挂糊）拍粉→过油炸制→熬糖、蘸糖液→装入涂油盘内→成菜（随带凉开水一碗）

3. 注意事项

（1）拔丝菜肴的原料应采用新鲜成熟的水果。加工时，应去皮去核，防止色泽变化。原料以块、条、球和原生态形状为主。

（2）拔丝菜肴大部分都需挂糊炸制（也有不挂糊，直接炸制的）。根据菜肴的品种不同，所挂的糊有蛋清糊、全蛋糊、脆皮糊、拍粉等多种。有的原料要经过蒸制软糯按压成茸后，揉捏成一定形状再挂糊炸制。炸制时，应根据糊的性能以及制品的要求，分别炸出酥松、酥脆、松脆等质感。

（3）熬糖前，把锅洗净，加糖、清水和适量的油脂（有的只用清水加糖，有的只用油加糖），逐渐使糖受热融化。糖液熬至变稠起泡，又变成米黄色时，放入刚炸好的原料（将油滗干）翻动均匀，离火，使原料均匀地粘上糖液，然后装入涂过油的盘内，迅速带凉开水一碗，同时上桌。

（4）熬糖时，要注意糖、水、油的比例，要控制好火力，正确使用中小火。要防止返沙和糖焦化。返沙就是糖在加热时，由于火力过小，糖还没有完全转化为液体状，如果这时将炸好的原料投入，就会出现类似于挂霜的效果。而糖焦化是由于火力过旺造成的。

（5）油炸、熬糖要同步进行。拔丝的原料在复炸时，要尽可能与熬糖同步进行。如果事先将原料炸好晾凉，会使糖液迅速凝结，而影响拔丝效果。油炸的原料在入锅时，必须滗去油分，否则会使糖液难以均匀地包裹在原料上。

（6）盛装拔丝菜肴的盘子要事先抹上油，避免糖液粘住盘子。

（7）拔丝菜肴上桌要及时，要快速。在冬天，盘子下面可垫上一碗开水一起上桌，起到保温的作用。否则，菜肴温度下降，糖发硬，不易拔出丝，影响就餐气氛。

4. 操作要点

（1）在挂糊时要掌握好糊的稠稀厚薄，防止脱糊。油炸时，要使原料形态美观，色泽鲜艳。要滗尽附着的油分，增强糖液的黏附力。

（2）第二次复炸时，要同步进行熬糖。

（3）要将原料用糖液粘裹均匀，及时起锅，防止余热将糖液熬制过头，影响质感。

（4）拔丝原料要保持一定的温度。原料温度过低，会影响拔丝效果。

5. 成品特点

明亮晶莹，外脆里嫩，口味甜香，丝细且长，风味别致。

6. 菜品举例

菜例 7-64　拔丝苹果

主料：苹果 300 克

配料：鸡蛋 1 个，熟芝麻 15 克

调料：淀粉 50 克，面粉 50 克，炸制用植物油 1 千克，另备水 50 克、白糖 150 克、植物油 10 克用于熬制糖浆

制法：

（1）苹果去皮后切成长方条，用少量干淀粉拌匀。另用鸡蛋、淀粉、面粉和适量水调成全蛋糊待用

（2）炒锅置火上加油，烧至六成热时，将苹果逐块拌上糊入油锅炸。炸至苹果块金黄硬脆时用漏勺捞出（待糖浆即将熬好时，将苹果块再投入七成热油锅中复炸一下）

（3）另将一口炒锅置于小火上，加入油 10 克、水 50 克、白糖 150 克，用手勺不停搅拌，直至白糖完全融化成米黄色的糖浆，当糖浆微有黏性、并在起丝时，倒入复炸好的苹果块，用手勺轻轻向前一推，端锅颠翻，右手抓起熟芝麻边撒边翻身，使糖浆均匀地裹上苹果块即可出锅，装入抹过油的盘内，带凉开水一碗，立即上桌食用

特点：香甜可口，丝长色亮

菜例 7-65　拔丝蜜橘

主料：蜜橘 200 克

配料：熟芝麻 5 克，糖桂花 5 克

调料：白糖 150 克，面粉 60 克，鸡蛋 2 个，淀粉 25 克，芝麻油 10 克，植物油 1 千克（约耗 50 克）

制法：

（1）将蜜橘剥去皮，瓣分开，撕去橘络，拍上面粉 10 克。将鸡蛋打散，然后放入面粉 50 克、淀粉及清水 25 克，调成全蛋糊

（2）炒锅置旺火上，下植物油，烧至六成热时，将橘子逐瓣挂上全蛋糊，入油锅炸至结壳，捞出待用

（3）另取炒锅一口置中火上，下植物油 10 克，加白糖，用手勺不断推炒约 1 分钟，使白糖融化。见糖汁黏稠起来，将炸过的橘瓣放入原油锅中（油温仍保持六成热）复炸一次，迅速捞出，滗尽油，倒入糖油锅中，炒锅颠翻几下，使糖液包住橘瓣，然后撒上熟芝麻，盛入盘内（盘子用开水烫过，涂上芝麻油），再撒上糖桂花，带凉开水一碗，立即上桌食用

特点：色泽金黄，甜中带酸，松脆爽口

7. 代表菜品

“拔丝香蕉”“拔丝葡萄”“拔丝蜜瓜”“拔丝山药”“拔丝冰激凌”等。

三、蜜汁

1. 定义

蜜汁是以蒸汽或水作为传热介质，以糖作为主要调料，把白糖、蜂蜜用清水熬化收浓，放入加工处理过的原料，经熬或蒸制，使甜味渗透，再收浓糖汁成菜的烹调方法。蜜汁有两种制法：

（1）第一种方法是把糖放入洗净的锅中，加少量油先炒一下，再加适量水熟制糖汁。然后将原料（容易成熟的原料，直接投入锅中煮；不易成熟、酥烂的原料要事先煮熟或蒸熟）倒入糖汁中，使其入味，勾芡出锅。

（2）第二种方法是把经过加工处理后的原料排入碗中，然后加白糖、料酒、酒酿等调料（有的需用玻璃纸封口）上笼蒸，使菜肴达到入口肥糯、甜香的效果。临上桌前将卤汁倒出，菜肴扣入盘中，用卤汁勾薄芡浇在菜肴上即成。

2. 工艺流程

原料选择加工 → 蜜制装盘 → 熬糖液收汁至浓稠或熬糖液装盘上笼蒸 → 淋入收浓的糖液 → 成菜

3. 注意事项

（1）蜜汁类菜肴应选用新鲜成熟、滋味鲜美、富有质感的原料。加工时洗净，去皮去核，防止色泽褐变。原料以条、片、块、球及原生态形状为主。

（2）莲子、米仁、白果等原料应先洗净，去皮去心，入碗加入沸水，上笼蒸制。切不可与糖同蒸，否则不易蒸至酥糯。

（3）熬焖香蕉、苹果类原料时，糖液稠度应浓一些，这样便于保持原料的形态。蒸制火腿、腌鱼、香肠、腊肉类原料时，糖液浓度可淡一些，这样不影响口味。

（4）要掌握好熟制时间，控制好火力，防止原料熬焦或熬烂。蒸制时，要掌握原料的成熟度。

（5）要注意蜜汁菜肴的甜度，以能表现出原料本身的滋味和食用者对甜度不觉腻口为宜。

4. 操作要点

（1）蜜汁菜肴无论是上笼蒸，还是直接进行烧煮，都必须收稠糖汁，使糖汁渗透入味，并均匀裹覆在原料表面。

（2）蜜汁菜肴要求达到酥烂软糯的效果。对于不易酥烂的原料（如火腿等），要预先加热处理。

（3）在蒸制过程中，要防止蒸汽水滴入菜肴中，冲淡甜味浓度。

（4）在烧制蜜汁菜肴时，要经常转动锅。不易酥烂的原料要用小火，且汤汁应多一些。在收稠卤汁时，要防止粘底焦煳。

（5）不要求过分甜的、卤汁黏性不足的菜肴，可以勾薄芡增加菜肴的光泽和浓度。

5. 成品特点

色泽美观，酥糯香甜。

6. 菜品举例

<table>
<tr><th colspan="2">菜例 7-66　蜜汁火腿</th></tr>
<tr><td>主料：熟火腿 1 块（约 500 克）
配料：莲子 50 克，松子仁（炸制后）25 克
调料：冰糖 150 克，蜂蜜 50 克，糖桂花 2 克，酒酿水 100 克，绍酒 30 克，葱段 100 克，姜片 50 克
</td><td>制法：
（1）将火腿修成大方块，皮朝下放在砧板上，用刀剞成小方块，深度至肥膘一半厚，再将其皮朝下放入碗中，加葱段、姜片、绍酒，加入清水没过火腿方即可，上笼蒸 150 分钟后取出，滗去汤汁，清洗后备用
（2）将清洗后的火腿方放入容器内，加入冰糖 50 克、酒酿水、绍酒，用玻璃纸密封后上笼蒸制 1 小时，取出晾凉后改刀为片状或条状，然后摆放成原方块状
（3）将加工后的火腿方放入事先垫好竹篦的砂锅中，加入蜂蜜、冰糖 100 克、泡发后的莲子及清水，大火烧开，改小火煨制 120 分钟待汤汁浓稠
（4）捞出装盘，撒上松子仁、糖桂花，浇上砂锅内的汤汁即可</td></tr>
<tr><td colspan="2">特点：色呈枣红，蜜汁芬芳，肉质酥糯，味甜馥香，汤汁稠浓，配料点缀，色彩艳丽，食之回味悠长</td></tr>
</table>

7. 代表菜品

“蜜汁莲子”“蜜汁山药”“蜜汁香蕉”“冰糖燕窝”“冰糖银耳”等。

四、焗

1. 定义

焗是运用密闭容器加热，促使原料自身水分汽化，使食物间接受热至熟的一种烹调方法。焗可分为炉焗和盐焗。

（1）炉焗。炉焗是运用炒、烩、烧等方法将加工后的原料烹制成半熟状态，然后放入烤箱或焗炉内急速加热成熟的烹调方法。特点是温度高，受热快，原料外表受热产生香味。

（2）盐焗。盐焗是将原料经加工调味后，包裹好并埋入灼热的盐粒中，使原料成熟的一种烹调方法。

2. 工艺流程

原料选择 → 初加工处理 → 腌渍入味 → 焗制改刀 → 装盘（有的需浇汁）→ 成菜

3. 注意事项

（1）要求选用新鲜、较嫩的原料。刀工处理可切成块、段，也可用整只鸡、整条鱼等。

（2）原料刀工处理后一般均需加调味品腌渍。腌渍时间的长短可根据原料的不同来确定，焗的时间也要根据原料的不同来掌握，一般至断生即可。

（3）盐焗菜可选用粗盐。如无粗盐，也可用精盐代替

（4）焗制时要掌握好盐的分布，也可不断翻动盐。

4. 操作要点

（1）最好选用质嫩易熟、滋味鲜美的原料。

（2）原料在包裹时，应选用耐高温的材料，并将原料包裹整齐严密，不可太松，以防盐粒进入菜肴内部。

（3）要将包裹好的原料全部埋入灼热的盐中，以使原料受热均匀。

（4）有些较难成熟的原料，在埋入热盐中后，可在锅底以小火或微火慢慢加热。

（5）炉焗烤箱的温度一般控制在 150 ~ 180 ℃。

5. 成品特点

质地酥烂，香浓味鲜。

6. 菜品举例

<table>
<tr><th colspan="2">菜例 7-67　东江盐焗鸡</th></tr>
<tr><td>主料：鸡 1 只（约 1.5 千克）
调料：姜片 10 克，葱段 10 克，香菜 25 克，粗盐 2.5 千克，精盐 12 克，味精 7 克，八角末 2 克，芝麻油 2 克，沙姜末 3 克，猪油 120 克，花生油 15 克
</td><td>制法：
（1）用小火烧热炒锅，下精盐 4 克，放入沙姜末拌匀取出，分装三小碟，每碟放入猪油 15 克，拌匀，供佐食用。将猪油 75 克、精盐 6 克和芝麻油、味精调成味汁，取一张纸刷上花生油待用
（2）将鸡宰杀，去毛、去内脏，清洗干净，吊起晾干水分后，去掉趾尖和喙的硬壳，在鸡腋下两边各划一刀，在颈骨上剁一刀（不要剁断），然后用精盐 2 克涂匀鸡腔内部，放入姜葱、八角末。最后用未刷油的纸裹好，再包上已刷油的纸
（3）用旺火烧热炒锅，下粗盐炒至高温时，取出 1/4 粗盐放入砂锅内，把鸡放在粗盐上，然后将其余 3/4 粗盐盖在鸡上，加上锅盖，用小火焗 20 分钟至熟
（4）把鸡取出，去掉纸，剔下鸡皮，将肉撕成块，骨拆散，加入味汁拌匀，放在盘上堆砌成鸡的形状，香菜放在鸡的两边即成，与味碟一起上桌</td></tr>
<tr><td colspan="2">特点：制法独特，皮爽肉嫩，骨香味浓，以姜末、盐佐食，别具风味</td></tr>
</table>

7. 代表菜品

“鲜蛋焗和虫”“焗鱼肠”“玫瑰酒焗乳鸽”“古法焗鲈鱼”等。

五、嘟

1. 定义

嘟是以小火烧煮使原料入味的烹调方法，因烹制时锅中咕嘟有声而得名。嘟制菜肴色泽光亮，口味醇厚。

2. 工艺流程

原料选择 → 刀工处理 → 原料下锅煸、炒 → 加汤汁、调料 → 小火嘟制 → 装盆 → 成菜

3. 注意事项

（1）嘟制菜肴选择动植物原料均可。刀工处理以块、段为主，由于嘟制菜肴用小火较长时间加热，故不可切得太小。

（2）原料经煸炒后，加汤汁、调料，用中火、旺火烧开，再改用小火加盖嘟制，一般不勾芡，汤水略宽。

4. 操作要点

（1）刀工处理时原料大小要基本一致，否则容易造成成熟度不一致。

（2）嘟制时要用小火，时间要掌握好。

（3）嘟制菜肴一般不经事先调味，有些需经过油、煎、炒等，但时间不能过长。有些嘟菜要勾芡，芡汁略宽。

5. 成品特点

色泽光亮，口味醇厚。

6. 菜品举例

<table>
<tr><th colspan="2">菜例 7-68　虾子嘟面筋</th></tr>
<tr><td>主料：面筋 300 克
配料：虾子 8 克，冬笋 40 克，葱末 2.5 克
调料：白糖 12 克，味精 1 克，料酒 15 克，酱油 30 克，清汤 250 克，湿淀粉 50 克，花椒油 7 克，猪油 13 克，花生油 1 千克（约耗 75 克）
</td><td>制法：
（1）把面筋切成 4 厘米见方的块，放湿淀粉 35 克抓匀，将冬笋切成长 2.5 厘米、宽 2 厘米的长方块
（2）锅置旺火上，放入花生油烧至五成热时，将面筋下入，炸至金黄色时，倒入漏勺滗油
（3）将锅置火上，放猪油烧至四成热时，下虾子煸香，放葱末、料酒、酱油、清汤，下入面筋、冬笋、白糖。汤沸后，改用小火嘟 5～8 分钟，放入味精，用湿淀粉勾芡，淋花椒油，盛入汤盘即成</td></tr>
<tr><td colspan="2">特点：色泽黄亮，面筋油滑柔润而有咬劲，多孔而富含卤汁，汁浓味醇</td></tr>
</table>

7. 代表菜品

“软嘟肥肠”“嘟鱼档”等。

第八节 冷菜烹调方法

冷菜又叫冷荤、冷拼。之所以叫冷荤，是因为饮食行业多用鸡、鸭、鱼、肉、虾以及内脏等荤料制作；之所以叫冷拼，是因为冷菜做好后，要经过冷却、装盘（如双拼、三拼、什锦拼盘、平面什锦拼盘、高装冷盘、花式冷盘等）。

冷菜是仅次于热菜的一大菜类。按其烹调特征，可分为炝拌类、煮烧类、汽蒸类、烧烤类、炸汆类、糖粘类、冻制类、卷酿类、脱水类等。在这些大类中还有一些细小分类，说明冷菜烹调技法之多不在热菜之下，习惯上把它与热菜烹调技法并列为两大烹调技法。

一、冷菜的特点

1. 滋味稳定

冷菜冷食，不受温度所限，放久了滋味也不会受到影响。这就适合酒席上宾主边吃边饮、相互交谈的情况。冷菜是理想的饮酒佳肴。

2. 常以首菜入席，起着先导作用

冷菜常作为第一道菜入席，故很讲究装盘工艺。冷菜的形、色将对整桌菜肴的评价产生一定的影响。特别是一些图案装饰冷盘，具有较高欣赏价值，使人心旷神怡，兴趣盎然，不仅增进食欲，对活跃宴会气氛也起着重要的作用。

3. 冷菜可独立成席

冷菜风味殊异，自成一格，可独立成席。如冷餐会、鸡尾酒会等，都是主要由冷

菜组成的。

4. 可大量制作，便于提前备货

由于冷菜不像热菜那样随炒随吃，因而可以提前备货，便于大量制作。若开展方便快餐业务或举行大型宴会，冷菜就能缓和烹调方面的紧张。

5. 便于携带，食用方便

冷菜一般都具有无汁无腻等特点，便于携带，也可作为馈赠亲友的礼品。在旅途中食用，不需加热，也不一定依赖于餐具。

6. 可作橱窗的陈列品，起着广告作用

由于冷菜没有热气，又可以久放，因此可作为橱窗陈列的理想菜品。这既能反映企业的经营面貌，又能展示厨师的技术水平。对于饭店开展业务、促进饮食市场的繁荣有积极的作用。

二、冷菜与热菜的区别

冷菜与热菜相比，在制作上除了原料初加工基本上一致外，明显的区别是：热菜一般是先烹调，后刀工；而冷菜则是先刀工，后烹调。热菜一般是利用原料的自然形状或原料的割切、加工复制等手段来构成菜肴的形状；冷菜则以丝、条、片、块为基本单位来组成菜肴的形状，并有单盘、拼盘以及工艺性较高的花鸟图案冷盘之分。

热菜调味一般都能及时见效果，并多利用勾芡以使调味分布均匀，而冷菜调味强调“入味”，或是附加食用调味品。热菜需要通过加热才能使原料成为菜品，而冷菜有些品种不需加热就能成为菜品。热菜是利用原料加热以散发热气使人嗅到香味，而冷菜一般讲究香料透入肌里，使人食之越嚼越香，素有“热菜气香”“冷菜骨香”之说。

冷菜和热菜一样，其品种既能常年可见，也具四季之别。冷菜的季节性以“春腊、夏拌、秋糟、冬冻”为典型代表。这是因为腊味需经一段“着味”过程，只有到了开春时食用，始觉味美；夏季瓜果蔬菜比较丰盛，为凉拌菜提供了丰富的原料；秋季的糟鱼是增进食欲的理想佳肴；冬季气候寒冷，有利于“冻”类冷菜制作。可见，冷菜的季节性是随着客观规律变化而形成的。现在也有反季供应，因为餐厅都有空调，有时冬令品种放在盛夏供应，更受消费者欢迎。

冷菜的风味、质感也与热菜有明显的区别。从总体来说，冷菜以香气浓郁、清凉爽口、少汤少汁（或无汁）、鲜醇不腻为主要特色。具体可分为两大类型：一类是以鲜香、脆嫩、爽口为特点；另一类是以醇香、酥烂、味厚为特点。前一类的制法以拌、泡、腌为代表，后一类的制法以卤、酱、烧为代表，它们各有不同的内容和风格。

三、一般冷菜制作方法

冷菜大致有十大类制作法，本节重点介绍炝拌、煮烧和汽蒸三类。

1. 炝拌类

拌和炝两种烹调技法有很多相似之处。例如，原料都要经改刀，切成丝、片、条、块等较小的料，都要经过一定的初步加工处理，都用调味料拌匀食用等。因此，有些地区拌、炝不分，视为一种技法。实际上，这两种技法还是有一定的区别。从原料上看，两者都用熟料、易熟料及可生食的蔬果。但从熟料制法上看，拌以水焯、煮烫为主；炝除焯水外，还较多地使用滑油的方法。从调料上看，拌主要用香油（或麻酱）、酱油、醋、糖、盐、味精、姜末、葱花等，炝则多用花椒油加调料拌（也有用盐、味精、香油的）。所以，这两种技法在鲜香、脆嫩、爽口的相同特点下又有不同的风味特色。

（1）拌。拌是把生的原料或晾凉的熟原料，切制成小块的丁、丝、条、片等形状后，加入各种调味品，然后调拌均匀的做法。拌制菜肴具有清爽鲜脆的特点。拌制菜肴的方法很多，一般可分为生拌、熟拌和生熟混拌。

1）生拌。生拌的主料多用蔬菜和生料，经过洗净、消毒（有的用盐杀一下）、切配后，直接加调味品，调拌均匀。如“拌西红柿”“拌黄瓜”“拌海蜇头”等。

菜品举例

菜例 7-69　拌海蜇头

主料：海蜇头 300 克

配料：黄瓜 100 克

调料：精盐 4 克，味精 2 克，白糖 5 克，香油 10 克，醋 10 克

制法：

（1）海蜇头泡出咸味，热水洗净，控干水分

（2）黄瓜切成方片

（3）两种原料放入容器中，加入全部调料拌匀，盛入盘中即成

特点：质地清脆，酸甜利口

2）熟拌。熟拌是原料经过水焯、煮烫成熟后晾凉，改刀后加入各种调味品，调拌均匀的烹调方法。如“拌肚丝”“拌三鲜”“拌腰片”等。

菜品举例

菜例 7-70　葱油鸡胗

主料：鸡胗 4 千克

配料：香菜 3 克，红椒 2 克，葱 50 克，姜 30 克，葱油 100 克，香油 20 克

香辛料：白芷 1.5 克，八角 2 克，小茴 3 克，良姜 1.5 克，花椒 2 克，香叶 1 克

调料：清水 750 克，精盐 24 克，味精 7.5 克，白糖 3 克，花雕酒 15 克，胡椒粉 3 克

制作：

（1）鸡胗洗净，加入葱、姜、花椒、花雕酒腌制；红椒切丝

（2）鸡胗凉水下锅焯水后洗净

（3）锅中加入清水、葱姜、香辛料和其余调料，加热至沸腾时下入鸡胗，加热 40 分钟关火，加入葱油焖 1 小时，捞出自然放凉

（4）鸡胗切片，加入香油拌匀装盘，撒上香菜、红椒丝即成

特点：葱香味浓郁，口感筋道，色香味俱全，适宜佐酒

3）生熟混拌。生熟混拌是将生、熟原料分别切制成各种形状，然后按原料性质和色泽排放在盘中，食用时浇上调味品拌匀的烹调方法。如“蒜泥白肉”等。

菜品举例

菜例 7-71　蒜泥白肉

主料：煮熟的五花肉 200 克

配料：小黄瓜 100 克

调料：蒜蓉 20 克，精盐 3 克，味精 1 克，白糖 10 克，酱油 1 克，红油 5 克，香油 10 克

制作：

（1）煮熟的五花肉用重物压制，以便切片

（2）压制后的五花肉切成 1 毫米厚、15 厘米长、3 厘米左右宽的薄片，黄瓜切成相同规格的薄片

（3）将蒜蓉、精盐、味精、白糖、酱油、红油、香油放入碗中，搅拌均匀调成蒜泥汁

（4）用五花肉片卷包黄瓜片，摆盘浇上调制好的蒜泥汁即可

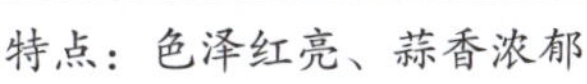
特点：色泽红亮、蒜香浓郁

（2）炝。炝是先把原料切成丝、片、块、条等，用沸水稍烫一下，或用油稍滑一下，然后滤去水分或油分，加入以花椒油为主味的调味品，拌和均匀的烹调方法。炝制菜肴具有鲜醇入味的特点。炝一般分为焯炝和滑炝两种。

1）焯炝。将主料用沸水焯一下，然后沥干水分，在冷水中投凉后沥干，加入调味品和淋上花椒油。焯炝的菜品以脆性原料为主，如“炝扁豆”“炝腰花”等。

菜品举例

<table>
<tr><th colspan="2">菜例 7-72　炝腰花</th></tr>
<tr><td>主料：净猪腰 300 克
配料：葱花 20 克，姜米 15 克
调料：精盐 4 克，味精 2 克，香油 10 克，料酒 10 克，花椒油 10 克
</td><td>制法：
（1）净猪腰剞麦穗花刀切长方块洗净
（2）锅置旺火上，放入清水烧开后，将腰花下入，待其变色卷曲时，倒入漏勺控水，再加香油拌匀后倒回锅中，趁热放入全部调料、姜米翻匀，盛入盘中，撒上葱花即成</td></tr>
<tr><td colspan="2">特点：形似麦穗，脆嫩鲜美</td></tr>
</table>

2）滑炝。滑炝的原料必须经过上浆处理，放入油锅内，滑熟滑透，取出控油，再用热水冲洗掉油分，加调料拌制，如“炝鸡片”“炝冬笋”等。

菜品举例

<table>
<tr><th colspan="2">菜例 7-73　滑炝里脊丝</th></tr>
<tr><td>主料：猪里脊肉 300 克
配料：青、红椒各 20 克，小芹菜 20 克，绿豆芽 20 克
调料：粉芡 6 克，精盐 5 克，味精 1 克，料酒 5 克，花椒油 15 克
</td><td>制作：
（1）猪里脊肉清洗干净，切成二粗丝，加粉芡上浆后滑油备用
（2）青、红椒和小芹菜切二粗丝，绿豆芽两头掐去后，均焯水备用
（3）将全部主料、配料放入盛器内，加入精盐、味精、料酒拌匀，再放花椒油拌匀即成。也可调好汁再拌制</td></tr>
<tr><td colspan="2">特点：色泽鲜艳、质地嫩脆、花椒味突出</td></tr>
</table>

（3）拌、炝菜肴的质量要求。

1）脆嫩清爽。这是拌与炝菜肴的第一要求。如果制作出来的拌菜与炝菜又烂又腻，则会失掉它的风味特点。为了保证菜肴的脆嫩清爽，在选料和加工处理上，必须认真对待。对炝拌生料一定要选择新鲜的脆嫩原料，这是保证生拌的前提条件。对炝拌熟料，无论何种加热处理都要以保证脆嫩为出发点。例如，用水炝法制作菜肴，原料只能在水开后下锅，在火上或离火迅速挑翻几下，使之均匀受热，转为翠绿，断掉生味，立即出锅投入凉开水中浸泡。只有这样，炝后才能保持原料质地脆嫩、色泽鲜艳、清爽利口。

2）清香鲜醇。具有香气是拌与炝的另一个要求。拌菜与炝菜，既要散发扑鼻的香味，又要入口后越嚼越香，这也是所有冷菜的共同特点。在冷菜制作过程中，要运用各种增加香味的手段。在拌与炝的制法中，一方面，要使用香气浓郁的调料，如调味汁中，要用花椒之类的香料，有的要用姜丝、姜末和醋来增香，有的要以蒜泥、麻酱、芥末等拌和，有的要用花椒油，有的要淋香油等，使菜肴香味增强；另一方面，拌炝的熟料，在制作时要使香味渗入原料内部，产生内部的香味，从而达到内外俱香、香气四溢的效果。

（4）拌、炝菜肴制作注意事项。

1）刀工要精细。凉拌菜在刀工处理上要整齐美观，如切条时长短大体要一致，切片时厚薄要均匀，切丝时粗细要相同。此外，若在原料上剞出不同的刀花那就更好，如在“糖醋小萝卜”上剞出蓑衣花刀，这样既能入味，又能令人望而生津，增进食欲。

2）要注意调色。以料助香拌凉菜要避免菜色单一，缺乏香气。例如，在“黄瓜丝拌海蜇”中，加点海米，使绿、黄、红三色相间，甚是好看；“小葱拌豆腐”一青二白，看上去清淡素雅，如再加入少许香油，便可达到色香俱佳；“拌白肉”中加点蒜末，既解腻又生香，使白肉肥美味厚。

3）调味要合理。各种凉拌菜使用的调料和口味要求各具特色。如“糖拌西红柿”口味甜酸，只宜用糖调味，而不宜加盐；“拌凉粉”口味宜咸酸清凉，没有必要加糖和味精，只需加少许醋、盐。

4）生拌凉菜必须十分注意卫生和健康，因为蔬菜在生长过程中，常沾有农药等物质，必须冲洗干净，必要时可焯水后食用。或者用盐、醋等做杀菌处理，再用清水充分清洗后食用，以提高食用安全性。如系荤料，更应注意清除寄生虫。

2. 煮烧类

煮烧类冷菜的制法是借用了热菜烹调方法中以水为导热体的一系列烹调方法，如煮、烧、焖等。但是，无论原料选择，烹制时火候、调味的应用，还是成品的特色，煮烧类冷菜都有其鲜明的特点：一是原料质地嫩，加热时间短，断生即好；二是重香料，以补冷菜气香的不足，形成特有的“骨香”的特色；三是成菜没有卤汁，不勾芡，必须考虑如何使原料入味。煮烧类大致可分为卤、酱、白煮和酥四种。

（1）卤。卤是原料在事先调制好的卤汁中煮的烹调方法。所用原料很广泛，最常见的是家禽、家畜及其内脏。烹制时，将原料投入卤锅中用大火煮开，再改用小火烧煮，至原料成熟或酥烂，调料渗入原料中为止。卤制完毕的菜肴，冷却后在表面涂上一层麻油，以防止卤菜表面见风干缩变色。原料质地较老的卤菜，也可在卤制完毕后仍浸在汤卤中，随用随取，这样既可增加嫩度，也可更为入味。

卤制菜肴的操作关键是卤汁的调制。卤菜的色、香、味完全由卤汁决定。卤分红卤和白卤两种。各地方配制卤的用料各不相同。常用的调料为红卤水和白卤水。红卤水常用红酱油、红曲米、黄酒、冰糖、白糖、盐、葱段、姜片、味精及大小茴香、桂皮、甘草、草果、花椒、丁香、姜等香料，熬制时，将上述香料装入纱布袋里，与其他调味料一起加清水熬制。白卤水使用的香料与红卤水一致，但没有用有色调料。白卤水中还有一种较常用的盐水卤，它是以葱、姜、花椒、盐、味精等加水熬成。

各种卤的调料配比、口味随地区而异，但有以下几点相同：

1）卤原料时应先将卤汁熬制一定时间，随后才能下料。卤汁保存的时间越久，卤制出来的菜肴就越香越鲜。

2）原料入卤锅前应先去除血腥异味。尤其是动物原料，多少都带有血腥味，在卤制前，应先通过走油或焯水处理。走油可使原料在卤制时上色入味，焯水在于去除原料的血沫和异味。

3）卤煮时一定要掌握好成熟度，加热要恰到好处。卤锅卤制菜肴都是大批量进行的，一桶卤水中往往同时要卤制好几种原料或好几个同种原料，同种原料之间存在着个体差异，不同的原料差异更大，这就给操作带来一定的难度。因此，要注意以下几点：一是要分清原料的老嫩，老的放在桶（或锅）底，嫩的放在面上；二要注意随好随捞，不能烧过头或者不够酥烂；三是如果原料过多，为防止紧贴桶（锅）底的原料烧焦，可在桶底垫锅衬；四是掌握好火候，要求熟嫩的原料用中火，要求酥烂的原料用小火。

4）保存好老卤。制成的卤汁，卤制原料越多，时间越长，质量越高。这是因为时间越长，卤汁中呈鲜物质越多。保存老卤时，一是要定期清理残渣碎骨，防止这些东西沉在锅底变质；二是要定期添加调料和更换香料；三是取放原料要用专门工具，不能用手直接接触卤汁，以防止细菌带入；四是每次卤毕菜肴之后，要烧沸，撇去浮油，并置阴凉处，特别要注意不可放在灶台上或炉子旁，防止细菌在一定温度下加速繁殖；五是盛放卤汁的盛器，最好用陶瓷或木制的。

卤的代表菜品有“卤鸭”“卤牛肉”“卤鸡爪”等。

菜品举例

菜例 7-74　卤牛肉

主料：牛腿肉 4 千克

调料：酱油200克，料酒200克，大茴香20克，白糖20克，精盐100克，味精20克，香油20克，花椒 20 克，甘草 8 克，桂皮 20 克，草果 30 克，小茴香 30 克，丁香 10 克，姜块 200 克，葱段 200 克，高汤 6 千克

制法：

（1）把大茴香、甘草、草果、小茴香、花椒、桂皮、丁香装入布袋扎好待用

（2）锅置火上，加入高汤、酱油、白糖、精盐、料酒和香料袋，放入焯水后的牛肉，然后加姜块、葱段，用中小火煮 1.5 小时左右，加入味精，再卤制 10 分钟左右关火

（3）关火后放置 1 小时左右，待卤汁充分浸透后捞出晾凉，改刀装盘即可

特点：色泽酱红，肉质酥烂，醇香味浓

菜例 7-75　虎皮凤爪

主料：凤爪 500 克

调料：葱 50 克，姜 30 克，良姜 2 克，桂皮 2 克，八角 2 克，山柰 2 克，小茴 4 克，清水 2 500 克，精盐 18 克，鸡精 3 克，胡椒粉 3 克，花雕酒 15 克，麦芽糖 50 克，白醋 25 克

制法：

（1）将凤爪洗净，剪去爪尖，凉水下锅汆一下

（2）将麦芽糖加入热水锅中，加白醋制糖皮水（热水、麦芽糖、白醋比例为 3∶1∶0.5），凤爪挂糖皮水后晾凉

（3）将凤爪放入三四成热油锅中，慢火浸炸上色捞出，入凉水浸泡半小时至起皱

（4）锅中加入清水、葱姜、香辛料和调料制作卤汁，凤爪下锅卤至脱骨即可

特点：皮酥肉嫩，色泽饱满、鲜香味辣

（2）酱。酱与热菜烹调方法中的焖烧有某些类似之处，是将原料先经腌渍或焯水、炸制，然后加各种香料、调料焖烧，最后将卤汁稠浓均匀地粘裹在原料表面。酱制菜肴的腌渍用盐和香料，用以增加成菜干香的质感和使肉质发红。酱制菜肴一般都是现做现酱，不留老卤，原料的形体一般都比较大，酱制完毕冷却后改刀装盘上席。

酱制菜肴时应掌握以下几项操作步骤：

1）原料在酱制前以硝酸盐腌制，一定要掌握硝酸盐的用量，不可为追求肉色红、肉质香而盲目多加。否则，一是会影响口感，产生一种涩味；二是硝酸盐可转而生成致癌物质。如用炸制，则油温应高一些，炸的时间要短一些。为了颜色更为鲜亮，也可先以少量酱油涂抹原料表皮，油炸后使原料先有一个金红色的底色，酱制后菜肴颜色更为鲜艳。

2）酱制菜肴操作时往往是大批量同时烧煮，因此原料选择要尽可能挑选老嫩程度相仿、形体相近的。倘有不同质地原料同锅酱制，在前几个加热阶段中可以同时加热，到收稠卤汁阶段则一定要分锅操作，以保证原料的成熟度、嫩度及颜色一致。在酱制过程中还应翻动原料一两次，使其上色均匀。

3）原料数量多，同锅操作时，应在下料前在锅底垫上箅子，以防焦底。原料加料后要先用旺火烧开，随后转小火，保持汤汁微滚状态。到原料基本成熟或已酥烂，再转旺火，并用勺子不停地将卤汁浇淋在原料身上，使之均匀上色。

（3）白煮。白煮与热菜中的煮基本相同，区别在于冷菜的白煮大多是大件料，汤汁中不加咸味调料。原料冷却后经刀工处理装盘，另跟味碟上席。白煮菜肴的特点是白嫩鲜香，突出本味，清淡爽口。

白煮菜肴调味要与烹制分开，故操作相对简单，容易掌握。但在煮的时候，仍需要掌握火候，因为原料性质、形状各不相同，成菜要求也不同，所以要分别对待。如有些鲜嫩的原料应沸水下锅，水再沸时即离火，将原料浸熟即可；而有的原料形体较大，烧煮时要用小火长时间地焖煮。一般来说，白煮菜肴以熟嫩为多，酥嫩较少，故原料断生即可捞出。

大锅煮料时，往往是多料合一锅，要随时将已成熟的原料取出。为使原料均匀受热，还要注意不使原料浮出水面。有些原料煮好后也可任其浸于汤汁中，临装盘时才取出改刀。但“白斩鸡”为使表皮爽脆，煮好后要立即浸在冷开水甚至冰水中，使表皮收缩变脆。较为出名的白煮菜肴有“白切鸡”“白切肉”等。

菜品举例

<table>
<tr><th colspan="2">菜例 7-76　白切鸡</th></tr>
<tr><td>主料：三黄鸡一只（约 850 克）
调料：姜块 15 克，葱段 20 克，精盐 5 克，香油 4 克，料酒 20 克，生抽 10 克，白糖 4 克
</td><td>制法：
（1）将三黄鸡洗净，放入锅中，加入清水、姜块、葱段、料酒，用大火烧沸后撇去浮沫，煮 30 分钟至鸡肉成熟，用原汤汁浸泡三黄鸡至凉透，捞出斩成条块，放入盘中
（2）将精盐、香油、生抽、白糖、适量煮鸡原汁放入碗中调成味汁。食用时把味汁浇在鸡上即成
另外，上桌时，可在鸡肉上撒芝麻和香菜</td></tr>
<tr><td colspan="2">特点：色泽黄亮，质嫩味醇</td></tr>
</table>

（4）酥。酥是以醋作为主要调味料，经小火长时间加热，令原料骨肉酥软，鲜香入味的一种烹调方法，以“酥鲫鱼”和“酥海带”为代表。

酥菜都是大批量制作成品，要求酥烂。制作酥菜时应注意：第一，要防止原料粘底。酥菜不可能在烹制过程中经常翻动原料，甚至有的菜从入锅到出锅根本就不变换位置。处理方法是加锅衬，原料松松地逐层排放。第二，加料及汤水要准，中途不可追加水，以免影响菜肴滋味的浓醇。酥菜的焖烧时间一般在两三小时以上，故汤汁应比一般烧菜多。第三，质地酥烂的菜肴烧制完毕后要待其冷却才能起锅，以免破坏菜肴的外形。

3. 汽蒸类

汽蒸类冷菜的制法即利用蒸汽来烹制冷菜。用汽蒸技法制作的冷菜数量不多，代表品种是蛋羹、蛋卷以及某些酿制类冷菜。

用汽蒸法烹制冷菜要注意正确掌握火候，一般不能太旺，以防蒸汽冲击原料表面，有时还可采取将原料放入密闭的容器中蒸制的办法来保持菜肴外形的完整。此外，蒸制品强调本味，故咸味不能太重。

思考与练习

1. 常用的热菜和冷菜烹调方法有哪些?
2. 简述干炸的定义、工艺流程、操作要点及成品特点。
3. 简述滑炒的定义、工艺流程、操作要点及成品特点。
4. 简述红烧的定义、工艺流程、操作要点及成品特点。
5. 简述烩的定义、工艺流程、操作要点及成品特点。
6. 冷菜的特点是什么?

第八章

菜肴装盘技艺

学习目标

1. 掌握装盘的基本要求及方法
2. 掌握冷菜装盘的方法
3. 掌握盛具与菜肴的配合原则
4. 掌握菜肴装饰物的选择及菜肴装饰方法

装盘是整个菜肴制作过程中的最后一道工序。菜肴装盘的好坏，不仅关系到菜肴的形态美观，而且对客人的饮食情趣影响也很大。合理的盛装能使菜肴的感官质量达到最佳的境界。如果装盘时主料不突出、餐具选用不恰当、盛装杂乱无章、色调不明快，即使菜肴制作得再完美，也会破坏菜肴整体的美感，降低菜肴的格调。

第一节　装盘的要求

一、菜肴盛装的基本要求

菜肴盛装不仅关系到菜肴的形态美观，而且关系着菜肴的清洁卫生，如图 8–1 所示。菜肴装盘必须符合下列几项基本要求：

1. 注意清洁，讲究卫生

菜肴在烹调阶段已经过消毒杀菌，如果盛装时不注意清洁卫生，让细菌或灰尘沾染，就会使菜肴失去烹调时杀菌消毒的意义。为此，应做到以下几点：

（1）菜肴必须装在经过消毒的盛具内。

（2）手指不可直接接触成熟的菜肴。

（3）在盛装时不可用手勺敲锅，锅底不可靠近盘的边缘，更不能用抹布揩擦盘边，使已消毒的盛具重新污染。

图 8–1　菜肴盛装

2. 菜肴要装得形态丰满，整齐美观，主料突出

菜肴应该装得饱满丰润，不可高低不平。如果菜肴中既有主料又有辅料，则主料要装得突出醒目，辅料只对主料起衬托作用，不能掩盖主料的光彩。例如，“回锅肉”盛装后应让人看到盘中肉片很多，如果盛装后让配料掩盖了肉片，就喧宾夺主了。即使是单一材料的菜肴，也应当突出重点。如“清炒虾仁”，虽然盘中都是虾仁，但要运用盛装技术把大的虾仁装在上面，以增加饱满丰富之感。

3. 注意菜肴色和形的美观

菜肴盛装时还应注意整个菜肴色和形的和谐美观，运用盛装技术把原料在盘中排列成适当的形状，同时注意主辅料的配合，使菜肴在盘中色彩鲜艳，形态美观。例如，“下巴划水”（青鱼尾巴）在盘中交叉排列；“红烧肚裆”（青鱼腹部）平行整齐排列；“南乳肉”应装在盘的正中，四周或两头用绿叶菜围边，使色泽更加鲜艳（先围边，再盛装菜）。“两吃大虾”这道菜，应把果汁味的虾尾放在盘中间，然后四周围上焯过水的西蓝花，外围摆上炸好的虾头，红、绿、黄三种颜色使菜肴色泽醒目和谐，极易引起食客的食欲。菜肴装盘时还应注意冷色、暖色的合理搭配，不能全冷色或全暖色。

4. 菜肴的分装必须均匀，并一次完成

如果一锅菜肴要分装几盘，那么每盘菜必须装得均匀，不能有多有少，而且应当一次完成。因为如果发现有的装得多有的装得少，或前一盘装得太多后一盘不够，而需要重新分配，则势必破坏菜肴的形态，影响美观。

5. 盛装要熟练快速，以体现中国菜的即烹即食、趁热品味的特点

装盘的动作要准确熟练，一次到位，尽量缩短装盘时间，否则时间一长，菜肴的色、香、味、形都要发生变化，影响菜肴的质量。

二、菜肴盛装方法

1. 炸菜的盛装方法

先将菜肴倒在漏勺中滗干油，再将菜肴倒入盘中，倒时可用筷子或手勺挡一挡，防止倒出盘外。装盘后如果发现原料堆形不匀或不美观，可用筷子将菜肴略加拨动调整，使其均匀饱满，切不可直接用手操作。炸菜的盛装如图 8–2 所示。

图 8–2　炸菜的盛装

2. 炒、熘、爆菜的盛装方法

（1）左右交叉轮拉法。一般适用于形态较小的不勾芡或勾薄芡的菜肴。

装盘方法及关键是：装盘前应先颠翻，使形大的翻在上层，形小的翻在下层。用手勺将菜肴拉入盘中，形小的垫底，形大的盖面。拉时一般可左拉一勺，右拉一勺，交叉轮换，不宜直拉。例如，“清炒虾仁”盛装前应先将锅颠翻几下，使个大的虾仁翻在上层，个小的翻在下层，然后用手勺轻轻地将上层的大虾仁拉在盘的一边（左边或右边），再用手勺将小虾仁拉入盘中。拉时一勺拉得不宜太多，更不可对直向盘中拉。因为直着拉，锅中后面的虾仁易向前倾滑，致使大小虾仁重新混在一起。所以，应当用左右交叉轮拉法，也就是在拉小虾仁时，一勺从左边、一勺从右边轮流向盘中交叉斜拉，待小虾仁全部拉完，最后将大虾仁盖在上面。

（2）倒入法。一般适用于质嫩易碎的勾芡菜肴，往往是单一料或主辅料无显著差别的菜肴。

装盘方法及关键是：装盘前应先大翻锅，将菜肴全部翻个身，使芡汁均匀地包裹在原料外面，然后一次性把菜肴倒入盘中。倒入时速度要快，锅不宜离盘太高，倒时将锅迅速向左移动才能保证原料不翻身，均匀摊入盘中。例如，“糟熘鱼片”在装盘前先应进行一次大翻锅，使鱼片肉朝上，皮朝下。因为鱼片很鲜嫩，极易破碎，不可用手勺多接触，同时鱼片应整齐均匀地摊在盘中，因此装盘时应当用一次倒入法。倒时锅保持一定的斜度，一面迅速倒入，一面将锅迅速向左移动，以便鱼片均匀摊入盘中。同时锅不宜离盘太高，如果离盘太高，鱼片倒下时易翻身，就不能保证肉朝上，皮朝下；但也不能太低，以防锅沿的油垢污染盘边。

（3）分主次倒法。一般适用于主辅料差别比较显著的勾芡菜肴。

装盘方法及关键是：先将大部分辅料倒入盘中，然后将勺中主料较多的部分铺盖在上面，使主料突出。

（4）覆盖法。一般适用于基本无汁的勾芡炒爆菜肴。

装盘方法及关键是：盛装前先翻锅几次，使锅中菜肴堆聚在一起。在进行最后一次翻锅时，用手勺趁势将一部分菜肴接入勺中，装入盘内，再将锅中余菜全部盛入勺内，覆入盘中，覆时应略向下轻轻按压，使菜形圆润饱满。如“油爆肚”“葱爆羊肉”“蒜爆目鱼”“油爆双脆”等菜肴一般都用这种装盘方法，因为这些菜肴卤稠、黏度大，故不宜用倒或拉的方法。

炒菜的盛装如图 8–3 所示。

3. 烧、焖菜的盛装方法

（1）拖入法。一般适用于整只原料（特别是整鱼）。

装盘方法及关键是：先将锅略掀一下，趁势将手勺迅速插到原料下面。再将锅移近盘边，把锅身倾斜，用手勺连拖带倒地把菜肴拖入盘中。拖时锅不宜离盘太高。

例如“红烧黄鱼”盛装时，先将锅掀一下，趁势将手勺迅速插到鱼头下面，然后端锅至盘上方，把锅身向下倾斜，一边用手勺拖住鱼头带动鱼身向盘中拖下，一边增加锅的倾斜度，连接带倒地迅速把鱼装入盘中。装盘时，向下倾斜的锅不宜离盘太高，否则鱼易碎。

（2）盛入法。一般适用于单一或多种不易散碎的块形原料组成的菜肴。

图 8–3　炒菜的盛装

装盘方法及关键是：用手勺将菜肴盛入盘中，先盛小的差的块，再盛大的好的块，并将不同的原料搭配均匀。在盛装时应保持菜肴形态完整。盛时锅底沾有汤汁的应在锅沿上刮一下，防止汤汁淋落在盘边上。“红烧肉”“剥皮大烤”“地三鲜”等都是用此盛装法。“红烧肉”肉块往往大小、形态不一，应先将小的差的块盛入大盘中垫底，再将大的好的块装在上面。“地三鲜”用料多种多样（如鸡块、肉块、肉皮、肉丸、鱼丸、猪肝、猪爪等），装盘时需要适当搭配，不可使某一种原料都在上面，某一种原料都在下面。用盛入法就易于进行搭配。

（3）扣入法。一般适用于事先根据不同需要将原料在碗中排列成图案或排得整齐圆满的菜肴。

装盘方法及关键是：先将成熟后的菜肴一块一块地紧密排列在碗中。排时应将菜肴正面向着碗底，先排大的好的块，再排小的差的块；先排主料再排辅料。菜肴应排平碗口，不可排得太多或太少。排好后用盘反扣在碗口上，然后迅速翻转过去，将碗拿掉。

如“扣肉”“黄焖栗子鸡”等菜都是用这种扣入法盛装的。取大小适当的碗一个，用筷子将菜肴一块一块紧密而整齐地排列在碗中。排时应将菜肴正面（即带皮的一面）向着碗底，先排质量好、形状整齐的块（如“黄焖鸡”中的鸡脯肉、鸡腿肉，“扣肉”中瘦肥适当、形态完整的肉）；排满碗底后，再将质量和形态较差的排在上面。如果原料有主有辅，如“黄焖栗子鸡”，应先将主料鸡排在碗底，辅料栗子排在上面。菜肴应排得与碗口齐平，不可太多或太少，或有凹凸不平的现象。排好后用盘子倒置在碗上，要覆在盘的正中，然后迅速连盘带碗一齐翻转过去，再将碗轻轻拿掉。翻时动作必须迅速，否则卤汁会沿着盘边流出，影响美观。

4. 整只或大件菜肴的盛装方法

（1）整鸡、整鸭的盛装。应腹部朝下，背部朝上，头应弯转置于旁侧摆入盘中。

这是因为鸡鸭背部肌肉丰满光洁，给人以圆润饱满之感。整鸡的盛装如图 8–4 所示。

（2）整鱼的盛装。单条鱼应装在盘的正中，腹部有刀缝的一面朝下。两条鱼应并排装盘，腹部向盘中，背部向盘外，紧靠在一起。装盘后如需浇卤汁，应从头向尾巴浇，鱼的近头部肉多，应多浇一些，尾部肉少，可少浇一些。整鱼的盛装如图 8–5 所示。

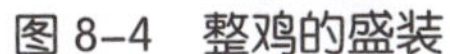

图 8–4　整鸡的盛装

图 8–5　整鱼的盛装

（3）蹄髈的盛装应皮朝上，骨肉朝下，这样才能显得皮色鲜艳、圆润饱满。蹄髈的盛装如图 8–6 所示。

图 8–6　蹄髈的盛装

5. 烩菜和汤菜的盛装方法

（1）烩菜的盛装方法

1）羹汤盛装一般占盛具容量的 90% 左右为宜，否则就易溢出容器，而且在上席时手指也易接触汤汁，影响卫生。但也不能太浅，太浅则不丰满，有分量不足之感。

2）有些需要使主料浮在上面或需要有“油面”（即菜肴成熟后淋上去的油）的菜肴，应把主料或浮油盛在勺中，将其余部分装入盘中后，再将勺中的主料或浮油倒在上面。烩菜的盛装如图 8–7 所示。

（2）汤菜的盛装方法

1）汤汁装入碗中，一般以装至离碗的边沿 2 厘米上下处为度。

2）大型原料应将菜肴整齐地扣入碗中，再将汤沿着碗边缓缓倒下，不可冲坏菜肴。因为菜肴扣入碗中时，已经排列整齐，如果将汤从中间冲下，势必破坏菜肴的整齐形态，且汤汁会溅出碗外。

3）小型易散碎的原料扣入碗中后，还应当用勺将菜肴盖住，再将汤从手勺中倒下。例如，“扣三丝”“扣三鲜”等由于原料十分细小，即使汤从碗边缓缓倒入，菜肴也会冲乱，所以应用勺先将菜肴盖住，再将汤从勺上倒下，以保持菜肴的美观。汤菜的盛装如图 8-8 所示。

图 8-7　烩菜的盛装

图 8-8　汤菜的盛装

第二节　冷菜装盘的分类与方法

一、冷菜装盘种类

冷菜的装盘种类一般有单盘、拼盘、攒盘、果盘、什锦拼盘和花色拼盘等。

单盘装的形式有两头低、中间高的桥形，以及正方形、馒头形等。“蓑衣黄瓜”是馒头形装盘，如图 8–9 所示。

双拼是将两种熟料装在一个盘中。要注意配合整齐，形状美观，色彩调和。“卤水双拼”装盘如图 8–10 所示。

图 8–9 “蓑衣黄瓜”装盘

图 8–10 “卤水双拼”装盘

三拼是将三种不同的熟料装入一个盘中。要求装配技艺精致，形态美观。“卤水三拼”装盘如图 8–11 所示。

什锦拼盘用多种不同的熟料装盘成菜，这种装盘技艺又较三拼略高一筹。什锦拼盘如图 8–12 所示。

彩色冷盘用各种熟料在盘里装饰成花鸟虫鱼等形状，其技术性和艺术性要求更高，常见的有“金鱼戏荷”“二龙戏珠”“白鹤闹松”“熊猫戏竹”等。“金鱼戏荷”如图 8-13 所示。

图 8-11 “卤水三拼”装盘

图 8-12 什锦拼盘

图 8-13 “金鱼戏荷”

二、冷菜装盘时色与味的配合

冷菜装盘对色、香、味、形、器都非常讲究，而对色、形配合的要求尤为高，要求色彩鲜艳，形态优美，使食客从中得到美的艺术享受。

在配色方面，通常不把颜色相同或原料相近的菜肴摆在一起。如“熏鱼”“糖醋排骨”“松花蛋”等颜色相近的菜肴，就要用另一种颜色的菜肴隔开。味的配合力求多样化，防止单调。例如，六个单碟冷盘菜、六样菜肴、六种颜色、六个味道组合在一起就更添风趣，可根据当时的原料情况灵活运用。在双拼、四拼等冷盘菜肴中，也要注意色与味的配合。

美食要配美器。冷盘盛具尽量要和菜肴的颜色配合好。例如，“盐水鸡”用白色的盘子盛装，就不如用有花色的或有图案的盘子盛装好看。

三、冷菜装盘方法

冷菜的装盘是与刀工紧密结合的。冷碟菜肴经过刀工处理后，有块、片、条、丝、段等不同形状。装盘时，一般都有垫底、盖边、装刀面三个步骤，有排、堆、叠、围、摆、翻六种手法。

1. 三个步骤

（1）垫底。用一些零碎、不整齐的碎料，如鸡颈、鸡翅尖等，垫在盘中，称为垫底。垫底如图 8–14 所示。

（2）盖边。用比较整齐的熟料，盖在垫底的零碎料周围，称为盖边。盖边如图 8–15 所示。

（3）装刀面。用质量最好，切得整齐，排列均匀美观的熟料，先放在刀面上，再托放到盘中盖在面上，称为装刀面。放在刀面上的熟料称为刀面料。如鸡的两个胸脯和两条大腿肉就是刀面料，小腿等则是做盖边用，其余的料可作为垫底料。装刀面如图 8–16 所示。

图 8–14 垫底

图 8–15 盖边

图 8–16 装刀面

2. 装盘的六种手法

（1）排。将熟料平排，有规律有层次地摆放在盘中，叫作排。根据熟料的具体规格等情况，可以采取各种不同的排法。如火腿宜排成锯齿形，一层一层排叠上去，可以排出很多花样。排如图 8–17 所示。

（2）堆。即把熟料放在平盘中堆成各种形状。如肫肝、牛肉、叉烧肉、红油萝卜丝、地芽鸡丝等常用堆的装盘方法。也可配各种颜色堆成花纹图案，显现出美丽的色彩，如宴席上的四冷荤碟，可堆成宝塔形、三角形等。堆如图 8–18 所示。

图 8–17　排

图 8–18　堆

（3）叠。即将切好的熟料一片一片地整齐叠起，一般叠成梯形。叠时需和刀工结合起来，随切随叠，切一片，叠一片，叠好后铲在刀面上盖在已垫底、盖边的盘中。其所用的熟料以韧性、脆性原料居多。如火腿、猪舌、牛肉、卤肉等的装盘，都可以用叠的装盘方法。叠如图 8–19 所示。

图 8–19　叠

（4）围。将切好的原料排列成环形，层层围绕，显示出有层次和花纹图案的冷菜装盘法叫作围。通过围的手法，可以把冷盘排列出很多花样。在主料的周围围一圈配料，使配料的颜色衬托主料，称为围边。将主料一排一排围成一个花朵，中间配一点辅料点缀成花蕊，称为排围。例如将皮蛋切成橘瓣，在盘中一圈一圈地围成菊花，中心点缀一些肉松作为花蕊，形态会非常美观。围如图 8–20 所示。

图 8-20　围

图 8-21　摆

（5）摆。在装花色冷盘时，运用各式各样的刀工，采用各种不同色彩、相同形状的熟料，可摆成“凤凰”“孔雀开屏”等形象。这要靠厨师的经验和智慧，用巧妙的手法摆出生动、活泼、美丽、逼真的形象。摆如图 8-21 所示。

（6）翻（覆）。在碗或其他盛具内先把冷碟菜肴装好，临走菜时，将盘子倒扣在碗上，将碗内的菜肴翻扣在盘中，这种装盘法叫作翻。

第三节　盛具与菜肴的配合

一、盛具的种类

菜肴装盘时所用的盛具式样很多，规格大小不一，且在使用上各地也有所不同。常见盛具的种类见表 8–1。

表 8–1　　常见盛具的种类

名称	图示	形状及特点	尺寸	用途
腰盘		腰子状	尺寸大小不一，一般小的长轴约 5.5 寸，大的长轴约 21 寸	小的可盛饭菜，大的盛鸡、鸭、鱼、排翅及宴席冷盘
圆盘		圆形	一般小的直径约 5 寸，大的直径约 18 寸	与腰盘相同

续表

名称	图示	形状及特点	尺寸	用途
汤盘		盘底较深	一般小的直径约6寸，大的直径约12寸	主要盛装烩菜或汤汁较多的菜。有些分量较多的炒菜如“鳝糊”往往也用汤盘
汤碗		有盖或无盖	直径一般为5～12寸	盛汤，盛整只鸡、鸭等汤菜
炖盅		一般带盖，有些还可独立加热	直径一般为5～8寸	专用于盛炖制菜肴
砂锅		既是加热用具，也是上席的盛具，保温好，散热慢	规格不一，最小的直径约4寸，中等的直径6～8寸，大的直径约10寸	适宜在冬天使用
火锅		以铜、锡、铝等制成，圆形，中央有一小炉膛，可放炭，锅体在炉膛四周	规格不一，直径一般为5～20寸	将生的原料放入锅中涮，边涮边吃。火锅一般在冬季使用
汽锅		扁圆形陶瓷蒸锅，锅中心有一个塔形的空心管子，从锅底通至上面，接近盖子	规格有五六种之多，直径大的约10寸，小的3～4寸，还有更小的	汽锅的式样古朴、特殊，制品质感酥香，汤汁澄清鲜醇
异形盘	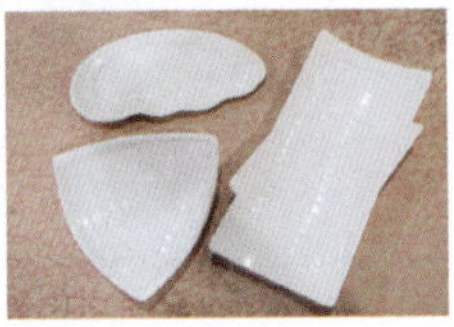	除图示形状外还有树叶形、蝴蝶形、贝壳形等	直径尺寸不等，无标准规格，小的直径约5寸，大的直径约16寸	用途广泛，热菜、冷菜均可盛装

说明：中厨餐具尺寸习惯上以寸为单位。

二、盛具与菜肴的配合原则

菜肴制成后，都要用盘、碗盛装才能上席食用。值得注意的是，不同的盛具对菜肴有着不同的作用和影响。如果用合适的盛具装盛菜肴，可以把菜肴衬托得更加美观，给人以赏心悦目的感觉。因而必须重视菜肴与盛具的配合。

1. 盛具的大小应与菜肴的分量相适应

量多的菜肴应用较大的盛具，量少的菜肴应用较小的盛具。如果把量少的菜肴装在大盘大碗内，就会显得分量单薄；而如果把量多的菜肴装在小盘小碗内，则菜肴在盛具中堆积得过满，甚至汤汁溢出，不但有臃肿不堪之感，而且影响清洁卫生。所以，盛具的大小应与菜肴的分量相适应。一般情况下，装盘时菜肴不能装到盘边，应装在盘的中心圈内；装碗时菜肴应占碗容积的 80% ~ 90% 为宜，汤汁不要浸到碗沿。盛具与菜肴分量的配合如图 8-22 所示。

图 8-22　盛具与菜肴分量的配合

2. 盛具的品种应与菜肴的品种相配合

盛具的品种很多，各有各的用途，必须运用恰当。如果随便乱用，不仅有损菜肴美观，还会使食用不便。例如，一般炒菜、冷菜都宜用腰盘、圆盘；整条的鱼宜用腰盘；烩菜及一些带汤汁的菜肴如“煮干丝”“炒鳝糊”等宜用汤盘；汤菜宜用汤碗；砂锅菜宜将原砂锅上席；全鸡、全鸭宜用瓷品锅等。盛具与菜肴品种的配合如图 8-23 所示。

图 8-23　盛具与菜肴品种的配合

3. 盛具的色彩应与菜肴的色彩相协调

如果盛具的色彩与菜肴的色彩配合得宜，就能把菜肴的色彩衬托得更加鲜明美观。当然，洁白的盛具对大多数菜肴都是适用的。但是有些菜肴如用带有彩色图案的盛具来盛装，就更能衬托出菜肴的特色。例如，“糟熘鱼片”“芙蓉鸡片”“炒虾仁”等装在白色的盘中，色彩就显得单调；而装在带有淡绿色或淡红色花边的盘中，色彩就鲜明悦目了。盛具与菜肴色彩的配合如图 8-24 所示。

图 8-24 盛具与菜肴色彩的配合

4. 盛具质地与菜肴意境相匹配

随着社会文明进步，人们对餐饮产品除了直接感官感受外，越来越关注精神层面的意境体验。中国传统文化的水墨绘画、诗词歌赋、陶瓷文化、盆景造型等元素与菜肴制作的巧妙融合，为菜肴增添了艺术性，成就了中国菜肴可观、可赏、可品、可尝的艺术价值。盛具质地与菜肴意境相匹配如图 8-25 所示。

图 8-25 盛具质地与菜肴意境相匹配

第四节　菜肴装饰

一、菜肴装饰物的选择

1. 装饰物的含义

装饰物是放在盘上或汤碗中陪衬主要食物的其他食品。装饰物可以使食物美观，但它并不是重点。

可用于菜肴的装饰物很多，有植物性原料，也有动物性原料，可根据具体情况具体选择原料。在选择原料时必须注意 3 个问题：

第一，所选的原料必须能直接食用。

第二，所选的原料必须符合卫生要求，最好少用或不用人工合成色素。

第三，所选的原料颜色必须鲜艳，形状利于造型。

2. 装饰物的原料及运用

（1）水果类。如糖水橘子、樱桃、苹果、菠萝、柠檬、西瓜、香瓜、香蕉、杧果、猕猴桃等，色彩各异，一般用作冷菜、甜菜的装饰原料，既可增色、组合成形，又可调节口味。

（2）蔬菜类。如胡萝卜、白萝卜、洋葱、青椒、黄瓜、绿叶菜、莴笋、卷心菜、四季豆、竹笋、百合藕、莲子、南瓜、银耳、口蘑、草菇、金针菇、蘑菇、粉丝等，可刻成花卉或改刀成型，用于冷菜、热菜的装饰点缀，色形兼备，效果甚佳。另外，生姜、青蒜、香菜可切成丝或做花叶形状，用于炸制菜的点缀，既有助于色形的调配，又能起到一定的调味作用。炸粉丝经加工拼成各种花卉形态，也可用于菜肴的点缀。

（3）动物类原料。如熟牛肉、鸡蛋糕、香肠、炸虾片、海蜇头、猪舌、猪心、肴肉、鲍鱼、蛋松、蛋品、各种茸胶、各种蛋卷等，可改刀成型或拼摆成一定图案，用于冷菜、热菜的装饰，既美观又兼具较高食用价值。

3. 雕刻工艺及成品

雕刻工艺是指运用雕刻技术将烹饪原料或非食用原料制成各种艺术形象，用来美化菜肴、装饰筵席或宴会的一种工艺。根据雕刻使用原材料的不同，可分为果蔬雕、黄油雕、糖雕、冰雕及泡沫雕等种类，近年又出现了琼脂雕和豆腐雕。艺术欣赏是烹饪中雕刻的根本目的，所以，从古至今，雕刻制品都是以欣赏为主的，尽管极少量的雕刻制品能够食用。

雕刻成品主要应用于筵席、宴会展台及桌面的装饰。尤其果蔬雕刻作品常用于盛大的宴会气氛的渲染和环境的美化，以及中、小型筵席宴会台面的装饰和菜肴的造型、点缀及盛装，为整个筵席起着烘云托月、锦上添花的艺术效应，具有独特的魅力。

南瓜盅做热菜盛器要蒸熟

在某地举办的一次烹饪技术大赛上，食品雕刻作品除了作为单独比赛项目外，还在热菜中大量使用。有的起点缀装饰作用，有的是作为菜品的盛器，这些作品不仅在雕刻的技法和造型上各有千秋，而且在具体应用上也出现了明显的差异。其中有两个作品都是南瓜盅，南瓜采用浮雕，内部装入菜品，从造型、刀工上几乎很难分出高低，但结果评委的评分却相差甚远。其原因是：一个南瓜盅与菜品结合得比较完美，上桌前与菜品一起上笼蒸熟，既有装饰效果又能食用。而另一个南瓜盅虽然雕刻得很好，但上桌前没有蒸熟，不但南瓜不能食用，而且与熟的菜品放在一起，造成生熟不分，影响了整个菜品的食用性，所以不能得到较高的分数。

二、菜肴装饰的方法

1. 点缀法

点缀法指用少量的物料通过一定的加工，点缀在菜肴的某侧，形成对比与呼应，使菜肴重心突出，这类加工简洁、明快、易做。常见的雕刻制品对菜肴的装饰多属于点缀法。点缀法主要包括局部点缀、对称点缀和中心点缀。

（1）局部点缀。指用各种蔬菜、水果加工成一定形状后，点缀在盘子一边或一角，以渲染气氛，烘托菜肴。这种点缀方法的特点是简洁、明快、易做。如用番茄和香菜叶在盘边做成月季花花边；用番茄、柠檬切成兰花片与芹菜拼成菊花形镶边等。

（2）对称点缀。指用装饰料在盘中做出相对称的点缀物。对称点缀适用于椭圆腰盘盛装菜肴的装饰，其特点是对称、协调，简单、易掌握，一般在盘子两端做出同样大小、同样色泽的花形即可。如用黄瓜切成连刀边，隔片卷起，放在盘子两端，每两片逢中嵌入一颗红樱桃，做成对称花边等。

（3）中心点缀。指在盘子中心用装饰料拼成花卉或其他形状，对菜肴进行装饰。它能把散乱的菜肴通过在盘中有计划地堆放和盘中心拼花的装饰统一起来，使其变得美观。如用玉米笋、荷兰芹、胡萝卜、樱桃等原料在盘中心拼成花饰等。

2. 围边法

围边法也称镶边法。围边法较之点缀法复杂，也可以说是若干个点缀物的组合，因此具有一定的连续性。恰如其分的围边可使菜品的色、香、味、形、器有机地统一，产生强烈的美感，刺激食客食欲。常见的方式有几何形围边和具象形围边。

（1）几何形围边。是利用某些固有形态或经加工成为特定几何形状的物料，按一定顺序方向，有规律地排列、组合在一起，其形状一般是多次重复，或连续，或间隔，排列整齐，环形摆布，有一种曲线美和节奏美。如“乌龙戏珠”用鹌鹑蛋围在扒海参周围。还有一种半围花边也属于此类方法。半围法围边时，关键是掌握好被装饰的菜肴与装饰物之间的分量比例、形态比例、色彩比例等，其制作没有固定的模式，可根据需要进行组配。

（2）具象形围边。是以大自然的物象为刻画对象，用简洁的艺术方法提炼出活泼的艺术形象，这种方式能把零碎散乱而没有秩序的菜肴统一起来，使其整体统一美观。常用于丁、丝、末等小型原料制作的菜肴。如“宫灯鱼米”用蛋皮丝、胡萝卜、黄瓜等几种原料制成宫灯外形，将炒熟的鱼米盛放在其中。具象形围边所用的物象有动物类，如孔雀、蝴蝶等；也有植物类，如树叶、寿桃等；还有器物类，如花篮、宫灯、扇子等。

需要指出的是，上述菜肴装饰美化形式，并不是孤立使用的，有时可以用两种或两种以上的形式进行装饰美化，许多场合下还要根据个人的经验、构思和技巧，加以发挥和创造。

三、装饰菜肴注意事项

1. 卫生安全

装饰美化是制作美食的一种辅助手段，但如果操作不当，容易传播污染。所以，蔬果饰物一定要进行洗涤消毒处理，尽量少用或不用人工色素。装饰美化菜肴时，在每个环节中都应重视卫生，无论是个人卫生还是餐具、刀具卫生都不可忽视。

2. 实用为主

菜肴装饰美化的实用性，实质上就是装饰物能够食用，方便进餐，而不只是做摆设。所以，以食用的小件熟料、菜肴、点心、水果作为装饰物来美化菜肴的方法就值得推广；而采用雕刻制品、琼脂或冻粉、生鲜蔬菜、面塑作为装饰物来美化菜肴的方法就有一定局限性。

3. 经济快速

菜肴进入筵席后往往被一扫而空，其装饰物没有长期保存的必要，加之价格、卫生等因素及工具的限制，不可能搞很复杂的构图，也不能过分地雕饰和投放太多的人力、物力和财力。装饰物的成本不能大于菜肴主料的成本。

4. 和谐一致

首先，装饰物与菜肴的色泽、内容、盛器必须和谐一致，使整个菜肴在色香味形诸方面形成完整统一的艺术体。其次，筵席菜肴的美化还要结合筵席的主题、规格、与宴者的喜好与忌讳等因素，要锦上添花，忌弄巧成拙。

思考与练习

1. 菜肴盛装的基本要求是什么?
2. 冷菜装盘的方法有哪些?
3. 盛具与菜肴的配合原则是什么?
4. 菜肴装饰方法有哪些? 菜肴装饰有哪些注意事项?

阅读材料 1：筵席基础知识

一、筵席的概念和特点

筵席又称宴席、酒席等，是指具有一定规格质量的、供人们社交聚食的一整套菜点。筵席具有规格化、聚餐式、社交性三个显著特点。

二、筵席的种类

我国是一个地域广阔的多民族国家，筵席种类与规格的地区性较强。随着社会经济和文化的发展，筵席规模和内容有了很大的变化，按其特征，可分为我国传统筵席和酒会席两大类。

1. 我国传统筵席

我国传统筵席是以多人围坐一起合食为就餐形式。这种筵席最常见，应用较广泛。按其规模和应用场合的不同，传统筵席又可分为宴会席和便餐席。中国传统筵席分类见表一。

表一　　中国传统筵席分类

分类依据	筵席名称举例
按照地方风味分类	京菜席、鲁菜席、苏菜席、川菜席、湘菜席等
按照菜品数目分类	十大碗席、三蒸九扣碗席、四喜四全席、五福捧寿席等
按照头菜原料分类	燕窝席、海参席、烤鸭席等
按照烹制原料分类	海味席、水鲜席、蔬果席、菌笋席等
按照主要原料分类	全凤席、全羊席、全鱼席、蟹宴、饺子宴等
按照时令季节分类	春令筵席、秋令筵席、冬令筵席、端午宴、中秋宴等
按照风景名胜分类	长安八景宴、洞庭君山宴、羊城八景宴、西湖十景宴等
按照文化名城分类	荆州楚菜席、开封宋菜席、洛阳水席、成都田席等
按照人名分类	东坡宴、宫保席、谭家席、大千席等
按照八珍分类	草八珍席、禽八珍席、山八珍席、水八珍席等
按照等级、档次分类	特级筵席、高档筵席、中档筵席、普通筵席

筵席的种类、规格及菜点的数量、质量都在不断变化，其发展趋势是全席逐渐减少，菜点向少而精方面发展，菜点制作更加符合营养卫生要求，筵席菜单的设计更突出民族特点及风味特色。

2. 酒会席

酒会席不是我国传统筵席形式。它吸取西餐筵席的长处，气氛活泼，形式自如。这种筵席以冷菜为主，热菜、点心、水果为辅，宾主可以随意自行从餐桌上取食自己所喜爱的菜点，席位不固定，可以随意走动，彼此自由组合，边吃边谈，服务员巡回服务。酒会席有招待会、茶会、自助餐宴会、冷餐酒会、鸡尾酒会等。

三、筵席的内容及构成比例

中国筵席种类繁多、内容丰富、形式各异、档次悬殊。筵席通常包括冷菜、大菜、热炒、汤羹、主食、果品等，且形式在一定历史阶段相对稳定，形成了中国筵席特有的格局。目前，全国各地的筵席内容主要由酒水冷菜、大菜热炒、饭点茶果三部分组成。

筵席菜的各部分内容占筵席的比重即为筵席内容的构成比例。不同档次筵席在冷菜、大菜、热炒、点心、水果的分布上也是有所不同的，充分体现价高质优原则，要灵活适应置办筵席的目标要求。筵席内容的构成比例见表二。

表二　　筵席内容的构成比例

档次	内容				特点
	冷菜	大菜	热炒菜	点心水果	
普通筵席	10%	40%	40%	10%	大众宴席、经济实惠、食用性强
中档筵席	20%	40%	30%	10%	席面较隆重、菜点较讲究
高档筵席	20%	50%	20%	10%	整个席面十分讲究、菜点精细
特级筵席	30%	60%	0%	10%	特殊场合的筵席，每件菜都是工艺菜或名菜名点

此外，中西结合的冷餐酒会席冷菜比重大，通常占 70%，面点、热菜、水果的比重下降，尤其是热菜比重更少。

四、筵席的设计

筵席的设计是直接关系筵席成败的关键。如果设计菜肴不佳，不符合就餐者的心意，即使再高档的规格也无济于事。筵席的设计包括环境设计、席面设计、附属设备设计、菜单设计，其中最主要的是菜单设计。菜单的设计需考虑各方面的因素，并不是随意制定的，也不是一成不变的，必须根据具体情况而定。在设计菜单时应注意因人布菜、因意布菜、因季布菜、因价布菜。

此外，筵席菜单设计时还要考虑到菜品数量多少，营养是否合理，色彩的变化、口味的变化、菜肴质地的变化以及器皿的选择等，要使筵席菜肴具有节奏感，犹如一曲优美的乐章。

五、筵席的上菜程序

在筵席中，菜肴的上席是有一定程序的。其原则是先冷后热、先炒后烧；先上咸的、味淡的菜，后上甜的、味浓的菜。具体的上菜程序各个地方有一定的差异，需因地而宜。例如，南方先上开胃汤，后上凉菜、热菜等；北方先上菜后上汤。还有个别地区先吃饭，再上冷菜喝酒。筵席菜肴的上菜就像戏剧一样，由序幕至高潮再到尾声。

一般上菜的程序是：冷菜→头菜→热炒→大菜→热炒→点心→甜菜→饭菜→汤菜→水果（主食可以随饭菜一起上）。

六、地方筵席简介

1. 山东孔府宴

孔府是孔子及其后人居住的地方，是典型的中国大家族居住地和中国文化发祥地，历经两千多年长盛不衰，兼具家庭和官府职能。孔府宴礼节周全，程式严谨，是中国古代筵席的典范。孔子认为“礼”是社会的最高规范，宴饮是“礼”的基本表现形式之一。在清朝，第一等为招待皇帝和钦差大人的“满汉宴”，又称“满汉全席”，是清代国宴最高规格。第二等是寿诞、节日、喜庆、待客的筵席，菜肴随筵席种类而定。

传统孔府婚庆筵席菜单

宝桩一座：上嵌“龙凤呈祥”四字

香茗：中国名茶

四手碟（每人份随上）：黑瓜子 白瓜子 松子 榛子

四干果：大红枣 花生 桂圆 栗子

四鲜果：苹果 安梨 福橘 蜜桃

八凉盘：酱小排 熏鱼 白肚 鸭胗 腊肠 松花 海米炝芹菜 炝金针木耳

四大件：一品官燕 凰凤同巢 喜字八宝饭 红烧鱼

八行件：吉祥干贝 红烧鲍鱼 蜜汁鸭方 爆鱿鱼 软炒鸡 扒海参 冬菇肉片 火腿青菜

二点心（每人份随上）：龙凤饼 四喜饺（冰糖莲子银耳羹配点心上桌）

一压桌：四喜丸子

酒：元红一瓶

四饭菜：炒菠菜 拌莴笋 烧芸豆 海米春芽

四小菜：府制什锦小酱菜四碟

主食：馒头 大米饭

2. 洛阳水席

洛阳水席由民间筵席发展演变而来，至今已有一千多年的历史。洛阳水席共设有二十四道菜，其中有八冷盘（四荤四素）、四大件、八中件、四压桌。这二十四道菜有冷有热，有荤有素，有咸有甜，有酸有辣，面面俱到，能够适应各方宾客的口味要求。

传统洛阳水席菜单

八冷盘：杜康醉鸡 酱香牛肉 虎皮鸡蛋 五香熏蹄 姜香脆莲 碧绿菠菜 雪花海蜇 翡翠青豆

四大件：牡丹燕菜 料子全鸡 西辣鱼块 炒八宝饭

八中件：红烧两样 洛阳肉片 酸辣鱿鱼 炖鲜大肠 五彩肚丝 生氽丸子 蜜汁红薯 山楂甜露

四压桌：条子扣肉 香菇菜胆 洛阳水丸子 鸡蛋鲜汤

洛阳水席的上菜顺序是：先上八冷盘作为酒菜，接着上四大件，每上一道大件随跟上两道中件，名曰“带子上朝”。热菜大都采用汤盘或汤碗，样样离不开汤水，最后一道鸡蛋鲜汤又名“送宾汤”或“送客汤”，表示全席菜已上齐。

3. 杭州西湖十景宴

西湖十景之名，始于南宋画家马远的西湖山水画题名，至今已有 700 多年。20 世纪 50 年代，周恩来总理有一次在西湖“楼外楼”宴请外宾时说，“西湖十景”应该搬上餐桌，把游览天堂胜景的美感与品尝西湖名菜佳肴的情趣结合起来，使中外游客在天堂留下更加深刻的印象，这是一件弘扬中华民族传统文化的大好事。1985 年杭州市烹饪协会成立，第一件事就是研制西湖十景宴，完成周总理遗愿。经过一年多的努力，西湖十景宴终于在“天香楼”菜馆诞生了。西湖十景宴既有美食的享受，又有诗意气氛的配合。

西湖十景宴菜单

冷菜：三潭印月（花色拼盘带八围碟）

热菜：断桥残雪（鲍鱼、河虾、地力、鱼脯、蛋白糕、火腿、香菇、笋丝、香菜等制成）

平湖秋月（大鳜鱼等制成一鱼双味经，炸烩两吃）

苏堤春晓（鹿蹄筋、鸡脯、鹌鹑等制成）

柳浪闻莺（豆芽鸡丝、火腿丝、熟青椒丝等制成）

南屏晚钟（南瓜盅，内装冰糖燕窝）

双峰插云（八宝鸭装盘后造型而成）

雷峰夕照（清蒸河鳗、爆鳝、蟹黄、鱼卷等制成）

曲院风荷（扒排翅造型而成）

花港观鱼（鲂裙边、冬笋、胡萝卜、鸭掌等制成）

点心：吴山天风（吴山酥油饼）

知味停车（知味观小笼）

4. 陕北八大碗

在陕北农村，红白两事都要坐席，又叫吃八碗。陕北的八碗有软八碗和硬八碗之分，其中软八碗是指四碗荤菜和四碗素菜，而硬八碗则是八碗荤菜，其中包括酥鸡、丸子、炖羊肉、烧肉等。宴客之际，每桌八个人，桌上八道菜，上菜时都用清一色的大海碗，看起来爽快，吃起来过瘾，具有浓厚的乡土特色。

陕北八大碗菜单

八大碗：酥鸡 猪头凉片 麻辣肝花 红烧肘子 烧肉（或炖肉）清蒸羊肉 回锅肉 羊肉丸

汤：鸡蛋番茄汤 菠菜豆腐汤

主食：软米油糕 白面馍馍

阅读材料 2：地方菜介绍

我国菜肴因地理、气候、习俗、特产的不同形成了不同的地方风味菜系，就汉族的饮食特点而言，目前有四大菜系、八大菜系、十大菜系之说，而且划分系类仍有继续增加的趋势。

从菜系的命名看，虽以省命名，但其影响远远超出省的界限。凡在饮食习俗方面受其影响，口味、烹调大致相同的，就属于该菜系的范围。当然在一个菜系中，还有不少流派或分支，这只不过是“大同”之中的“小异”。就鲁、川、粤、苏四大菜系而论，除山东外，还有华北平原、京津地区、东北三省以及晋陕都是受山东菜口味食俗影响的地域；川菜影响范围则是以天府之国为中心扩展至长江中上游、两湖、云贵一带的广大地区；粤菜影响范围主要是珠江流域，闽贵也受其影响；苏菜又叫淮扬菜，影响范围为淮河、长江下游的广大地区，沪、杭、宁等城市也属于这一范围。当然这只是概略地划分，接壤地区有些菜系风味是交叉的。

菜系形成的渊源可以追溯到很久远的时期，因为菜肴的特色是以物产这一自然条件为基础的。晋代张华在《博物志·五方人民》中说：“东南之人食水产，西北之人食陆畜。食水产者，龟蛤螺蚌以为珍味，不觉其腥臊也；食陆畜者，狸兔鼠雀以为珍味，不觉其膻也”，“有山者采，有水者鱼”。也就是说“靠山吃山，靠海吃海”。

以物产为依据，形成的口味差异是菜系发展的重要因素。《全国风俗志》称：“食物之习性，各地有殊，南喜肥鲜，北嗜生嚼（葱、蒜），各得其适，亦不可强同也”。《履园丛话》中写道：“饮食一道如方言，各处不同。只要求对口味，口味不对者，又如人之性情不和者，不同一日居也。”只有到了近百年，随着经济的发展和社会的进步，才将地域之间的距离缩短，物产不再是一隅之产，也不再成为菜系唯一的依据，但这种千百年沿袭而成的食俗还是不易改变的。

除上述因素外，烹调方法的差别也是形成菜系不可忽视的重要因素之一。清代袁枚在《随园食单》中曾记载了南北两种截然不同的做猪肚的烹调方法：“滚油爆炒，以极脆为佳，此北人法也；南人白水加酒煨两炷香，以极烂为度。”可见，在袁枚之前早已形成以烹调技术为别的菜系的不同特色。钱泳在《履园丛话·治庖》中说得更具体：“同一菜也，而口味各不同。如北方人嗜浓厚，南方人嗜清淡；北方人以肴馔丰，食点多为美；南方人以肴馔法，果品鲜为美。各有妙处，颇能自得精华。”

到了清末，四大菜系的不同特色则更加鲜明。《清稗类钞》记述了清末的饮食状况："各处食性之不同，由于习尚也。则北人嗜葱蒜，滇黔湘蜀嗜辛辣品，粤人嗜淡食，苏人嗜糖"。继而又更加具体地分析了各地的菜系特色，"苏州人之饮食——尤喜多脂肪，烹调方法皆五味调和，唯多用糖，又喜加五香"，"闽粤人之饮食——食品多海味，餐食必佐以汤，粤人又好生物，不求上进火候之深也"，"湘鄂人之饮食——喜辛辣品，虽食前方丈，珍错满前，无椒芥不下箸也，汤则多有之"，"北人食葱蒜，也以北产为胜"，等等。

鲁、川、粤、苏

一、鲁菜

鲁菜又叫山东菜，我国四大菜系之一，其历史悠久，影响广泛，是中国饮食文化的重要组成部分。鲁菜以其味鲜咸脆嫩，风味独特，制作精细，享誉海内外。鲁菜发源于春秋战国时的齐国和鲁国（今山东省），形成于秦汉。宋代后，鲁菜就成为"北食"的代表。从齐鲁到京畿，从关内到关外，鲁菜影响已达黄河流域、东北地区，有着广泛的饮食群众基础。鲁菜是我国覆盖面最广的地方风味菜系，遍及京津塘及东北三省。

山东省内地理差异大，因而又形成了沿海的胶东菜（以海鲜为主）和内陆的济南菜，以及自成体系的孔府菜三大体系。

鲁菜讲究调味纯正，口味偏于咸鲜，具有鲜、嫩、香、脆的特色，十分讲究清汤和奶汤的调制，清汤色清而鲜，奶汤色白而醇。

鲁菜常用的烹调技法有 30 种以上，尤以爆、扒技法见长。爆法讲究急火快炒。扒法为鲁菜独创，原料腌渍蘸粉，油煎黄两面，慢火尽收汁；扒法成品整齐，味浓质烂，汁紧稠浓。

鲁菜代表菜品有"九转大肠""油爆双脆""奶汤蒲菜""清蒸加吉鱼""扒原壳鲍鱼""葱烧海参"等。

二、川菜

川菜为全国四大著名菜系之一，以清鲜见长，风格多样，素有"一菜一格，百菜百味"之称，尤以麻辣最为知名。鱼香、家常、宫保、水煮等特殊风味各有特色，妙绝天下。

四川省位于长江上游，群山环抱，江河纵横，沃野千里，物产丰富，古称“天府之国”。盆地、平原、浅丘地带气候温和，四季常青，水利发达，灌溉成系，盛产粮、油、果、蔬、笋、菌，家畜、家禽不但品种繁多，而且质尤佳，这些均为川菜烹调的主要原料。江河峡谷所产各种鱼类如江团、雅鱼、岩鲤等，量虽不多但品种特异。古人对四川的丰盛特产多有赞扬。战国《吕氏春秋》中即有“和之美者，阳朴之姜”的记载。唐代诗人杜甫有“青青竹笥（笋）迎船出，日日江鱼入馔来”的诗句。南宋诗人陆游有“新津韭黄天下无，色如鹅黄三尺余，东门彘肉更奇绝，肥美不减胡羊酥”的诗句。这些得天独厚的特产，不仅营养丰富，更是烹调原料中的上品，为川菜的形成和发展提供了特殊而优厚的物质基础。

川菜的烹调技艺历史悠久，源远流长。川菜讲究色、香、味、形，兼有南北之长，尤以味的多、广、厚著称。当今常用的味有咸鲜、咸甜、红油、麻辣、椒盐、怪味、姜汁、蒜泥、煳辣、酸辣、糖醋、香糟、芥末、荔枝、麻酱、鱼香、豆瓣、家常等 20 多种，调配多变，适应性极为广泛。其中宴席菜肴，以五味调和、清鲜为主，大小菜肴 1 千多种。大众便餐和家常风味菜则以麻辣味见长，特别是在辣味的运用上讲求多样，精益求精，调味细腻，灵活多变，独树一帜。辣椒的使用，可因料而异，因时、因人制宜，巧妙配合，适应性强，为川菜特有风格。

川菜在烹调方法上，讲究刀工和火候。清代乾隆年间，四川省罗江县人李调元在《函海·醒圆录》中总结川菜的烹调方法就有 38 种之多。现在流行的仍有炒、煎、烧、炸、腌、卤、熏、泡、蒸、熘、煨、煮、炖、焖、卷、焯、爆、炝、煸、烩、糁、蒙、贴、酿、酥、糟、醉、拌等 30 多种。特别是以小煎小炒、干烧干煸见长，炒菜不过油，不换锅，芡汁现炒现兑，急火短炒，一锅成菜，成菜质地细嫩，味极鲜香。

川菜中汤的烹制方法也十分讲究，所谓“川戏离不了帮腔，川菜少不了好汤”。如清汤清澈见底，味极清鲜；奶汤色白如乳，味浓醇而不腻。不同特点的汤对制作不同特点的菜肴起着重要的作用。

川菜代表菜品有“黄焖鳗”“怪味鸡块”“麻婆豆腐”等。

三、粤菜

粤菜也属于我国四大菜系之一。粤菜即广东地方风味菜，主要由广州、潮州、东江三种风味组成，以广州风味为代表。粤菜具有独特的南国风味，并以选料广博、菜肴新颖奇异而著称于世。

粤菜发源于岭南。广州地处亚热带，濒临南海，四季常青，物产丰富，山珍海味无所不有，蔬果时鲜四季不同。广州还是我国与海外通商的重要口岸，社会经济繁荣，饮食文化发展迅速，与中国各地及世界各国烹饪文化的交流频繁，中外各种食法逐渐被吸收，使广州的烹调技艺得以不断充实和改善，其独具的风格日益鲜明，最终形成了集南北风味于一炉、融中西烹饪于一体的独特风格，并在各大菜系中脱颖而出，名扬海内外。

粤菜又集南海、番禺、东莞、顺德、中山等地方风味的特色于一体，兼京、苏、杭等外省菜以及西菜之所长，自成一家。如“炸熘黄鱼”“虾爆鳝背”等，吸取京菜口味创制；“铁板牛肉”“鱼香鸡球”“宫保鸡丁”等，借鉴川菜口味；“五柳鱼”“东坡肉”是浙菜口味；闻名岭南的“太爷鸡”是徽菜口味；而“西汁猪扒”“茄汁牛排”等，则是从西菜移植而来。

粤菜有三大特点。第一个特点是选料广博奇异，品种花样繁多，令人眼花缭乱。清人竹枝词曰“响螺脆不及蚝鲜，最好嘉鱼二月天，冬至鱼生夏至狗，一年佳味几登筵”，把广东丰富多样的烹饪资源淋漓尽致地描绘了出来。天上飞的，地上爬的，水中游的，几乎都能上席。

粤菜的第二个特点是用量精而细，配料多而巧，装饰美而艳，而且善于在模仿中创新，品种繁多。

粤菜的第三个特点是注重质和味，口味比较清淡，力求清中求鲜、淡中求美，而且随季节时令的变化而变化，夏秋偏重清淡，冬春偏重浓郁；追求色、香、味、形，食味讲究香、脆、松、肥、浓，调味遍及酸、甜、苦、辣、鲜、咸，此所谓“五滋六味”。

粤菜的著名菜肴有“烤乳猪”“白灼虾”“太爷鸡”“香芋扣肉”“红烧大裙翅”“黄埔炒蛋”“炖禾虫”等，这些都是饶有地方风味的名菜。

四、苏菜

江苏菜系又称淮扬菜系、苏菜，中国四大菜系之一。江苏菜主要由淮扬（淮安、扬州）、金陵（南京）、苏锡（苏州、无锡）、徐海（徐州、连云港）四大地方风味组成。

淮扬菜以扬州为中心，包括镇江、两淮地区。自隋炀帝开辟大运河以来直到清代，扬州一直是我国南北交通枢纽，为当时东南的经济文化中心、对外贸易的重要商埠、历代帝王将相南巡或游玩的必经之地、富商大贾常来往之地。扬州在历史上为南北要冲，在其菜品口味上吸取南甜北咸的特点，形成了自己咸甜适中的特色，口味上适应性广。淮扬菜历史悠久，刀工精细，擅制江鲜等淡水产品及鸡、（畜）肉等菜品，富有特色，注重火工，擅长炖、焖、煨等烹调方法，口味咸甜适中，清淡适口，擅长瓜果雕刻，是江苏菜的重要组成部分。淮扬名菜有“将军过桥”“狮子头”“大煮干丝”“炒软兜”“煨脐门”“炝虎尾”“扒烧整猪头”“镇江肴蹄”等。

金陵菜以南京为中心。南京是我国著名的四大古都之一，曾有十代王朝在此建都。南京烹饪天厨美名始自六朝，擅长炖、焖等烹调方法，口味醇和为主，素以鸭馔驰名，淡水产品制作的菜品丰富多彩，花色菜品玲珑细巧，清真菜肴独树一帜，夫子庙小吃花色品种丰富。南京鸭肴颇多，如“盐水鸭”“黄焖鸭”“裹炸鸭”“料烧鸭”“加汁鸭”等。河虾菜品也很著名，特别是现代南京厨师用虾制成各种形象菜品，如“凤尾虾”“宫灯大玉”等，以及用河虾制成茸泥再造型制出形态各异、风味独特的菜品，如形象逼真的“桂花虾饼”“苹果虾”“炸虾球”等。

苏锡菜擅烹制河鲜、湖蟹、蔬菜，菜点注重造型，菜品清新多姿，讲究火候，善于调味，口味略甜。苏锡传统名菜很多，“松鼠鳜鱼”“肺汤”“樱桃肉”“斑肺汤”“香松银鱼”“莼菜汆塘鱼片”“清烩鲈鱼片”“四鳃鲈鱼汤”等都是深受欢迎的。

徐海菜指自徐州沿东陇海路至连云港一带的地方风味菜。徐海风味以鲜咸为主，五味兼蓄，并兼有齐鲁风味。徐海名菜有“霸王别姬”“彭城鱼丸”等。

豫、徽、浙、京

一、豫菜

河南菜又名豫菜，历史悠久，风味独特，是中国传统美食之一。

河南地处中原，拥有不少历史名城，在这里形成独具风味的豫菜理所当然。豫菜所独具的风味可概括为四句话：选料严谨，刀工精细，讲究制汤，质味适中。

其一，豫菜取料广泛，选料考究，强调依时令选取鲜活原料。如“鲤吃一尺，鲫吃八寸”，“鸡吃谷熟，鱼吃十”，“鞭杆鳝鱼、马蹄鳖，每年吃在三四月”等。豫菜的配头有常年配头与四季配头、大配头与小配头之分，素有“看配头下菜”的传统。严谨的选料不仅便于切配烹制，而且使菜肴具有色形典雅、配料恰当、常食常新、百尝不厌的风味格调。

其二，在刀工上，有“切必整齐，片必均匀，解必过半，斩而不乱”的传统技法。厨刀也因其具有“前切后剁中间片，刀背砸泥把捣蒜”的多种功能而独树一帜。切出的丝，细可穿针；片出的片，薄能映字。刀法之妙，达到了出神入化之境。

其三，“唱戏的腔，厨师的汤”。通过这句流传于河南烹饪界的口头禅，对豫菜讲究制汤可见一斑。豫菜的汤，通常有头汤、白汤、毛汤、清汤之分，清则见底，浓则乳白，清香挂唇，爽而不腻。“清汤荷花莲蓬鸡”“奶汤炖广肚”是正宗豫菜中汤菜的

典范。“洛阳水席”24 道菜，菜菜带汤而汤汤不同，真可谓变换有方，雅趣无穷。

其四，豫菜火工精湛，烹调细致，调味尤为擅长。豫菜烹调技法有 50 余种，扒、烧、炸、熘、爆、炒、炝别有特色，独树一帜。其中，扒菜更为独到，素有“扒菜不勾芡，汤汁自来黏”的美称。另外，河南爆菜时多用热锅凉油，操作迅速，质地脆嫩，汁色乳白。但无论用哪种技法，都能做到“烹必适度”，使菜肴质地适中。在调味上，“调必匀和”，淡而不薄、咸而不重，用多种多样的作料来灭殊味、平畸味、提香味、藏盐味、定滋味；各种味料合理配比，浓淡适度，使菜肴五味调和，质味适中。同时采取“另备小料，请君自便”的服务方式来适应不同食客的需要，更进一步体现出豫菜适应性强，“四面八方咸宜，男女老少适口”的特色。

豫系名菜有“鲤鱼三吃”“熘鱼焙面”“扒猴头”“番茄煨鱼”“郑州鲜味鸡”“道口烧鸡”“河南烤鸭”，还有著名的清真风味小吃“羊肉烩面”、开封的“鲤鱼焙面”“套四宝”、洛阳的“牡丹燕菜”、安阳的“炒三不粘”、豫南的“桂花皮丝”等。这些历史悠久的地方名菜至今仍闻名遐迩，为中外人士所称道。

二、徽菜

徽菜是安徽菜肴的主要代表，中国八大菜系之一。徽菜起源于歙县，发扬光大于绩溪“徽帮厨师”。

徽菜的形成和发展与安徽的地理环境、经济物产、风尚习俗密切关联。安徽位于我国东南、华东腹地，简称“皖”。长江、淮河自西向东横贯境内，把全省分为江南、淮北和江淮之间三处自然区域。江南山区盛产茶叶、竹笋、香菇、木耳、鹰龟、桃花鳜等山珍野味。淮北平原盛产粮食、油料、蔬果、禽畜，是著名的“鱼米之乡”。江淮和巢湖一带是我国淡水鱼重要产区之一，万顷碧波为徽菜提供了丰富的水产资源。这些都成为徽菜取之不尽、用之不竭的物产资源。

徽菜由皖南、沿江和沿淮三种地方风味所构成。皖南风味以徽州地方菜肴为代表，它是徽菜的主流和渊源，其主要特点是：擅长烧、炖，讲究火工，并习以火腿佐味，善于保持菜肴的原汁原味。皖南风味的代表菜有“清炖马蹄鳖”“黄山炖鸽”“腌鲜鳜鱼”“徽州毛豆腐”“徽州桃脂烧肉”等。沿江风味盛行于芜湖、安庆及巢湖地区，以烹调河鲜、家禽见长，讲究刀工，注意形色，善于用糖调味，擅长红烧、清蒸和烟熏技艺，其菜肴具有酥嫩、鲜醇、清爽、浓香的特色。沿江风味的代表菜有“清香炒焐鸡”“生熏仔鸡”“八大锤”“毛峰熏鲥鱼”“火烘鱼”“蟹黄虾盅”等。沿淮风味主要盛行于宿县、阜阳等地，其风味特色是质朴、酥脆、咸鲜、爽口，在烹调上长于烧、炸、熘等技法，善用芫荽、辣椒配色佐味。沿淮风味的代表菜有“奶汁肥王鱼”“香炸琵琶虾”“鱼咬羊”“老蚌怀珠”“朱洪武豆腐”“焦炸羊肉”等，这些名菜都较好地反映了这一地区的风味特色。

徽菜走向全国之后，仍然保持重色、调色的特点。徽菜用火腿调味是传统，制作火腿，在徽州也是普及的家庭技术。只是人们还不了解“金华火腿在东阳，东阳火腿在徽州”。这一带古属徽州或徽州边缘，是徽商首先到达的地方。李白在金华就留下“闻说金华渡，东连五百滩。他年一携手，摇桨入新安”的诗句。

三、浙菜

浙江菜简称浙菜，浙江烹饪已有几千年的历史。《黄帝内经·素问·导法方宜论》曰：“东方之城，天地所始生也，渔盐之地，海滨傍水，其民食盐嗜咸，皆安其处，美其食。”《史记·货殖列传》中就有“楚越之地……饭稻羹鱼”的记载。

浙江省濒临东海，气候温和，水陆交通方便，其境内北半部地处我国富庶的长江三角洲，土地肥沃，河流密布，盛产稻、麦、粟、豆、果蔬，水产资源十分丰富；西南部丘陵起伏，盛产山珍野味，农舍鸡鸭成群，牛羊肥壮，无不为烹饪提供了殷实富足的原料。浙江省的特产有富春江的鲥鱼、舟山的黄鱼、金华的火腿、杭州油乡的豆腐皮、绍兴的麻鸭和酒、西湖的莼菜和龙井茶、舟山的梭子蟹、安吉的竹鸡、黄岩的蜜橘等。丰富的烹饪资源、众多的名优特产与卓越的烹调技艺相结合，使浙江菜出类拔萃、独成体系。

浙江菜系由杭州、宁波、绍兴、温州为代表的四个地方流派组成。杭州菜是构成浙江菜的重要组成部分。杭州自唐代已成为“东南名郡”，唐宋以来，经济繁荣，名人云集，特别是宋室南渡建都临安（即杭州）后，使南北烹调技艺大交流。在此基础上，杭州菜凭借鱼米之乡、物产丰富的优势，吸收北方的烹调技艺，融合西湖胜迹的风貌，南料北烹，口味交融，逐步形成了菜肴制作精细、清鲜爽脆、淡雅细腻的独特风格，成为江南菜中独树一帜的带有古都风味的“京杭菜肴”。杭州菜的代表菜有“东坡肉”“薄片火腿”“西湖醋鱼”“宋嫂鱼羹”“龙井虾仁”“油焖春笋”“八宝豆腐”“西湖莼菜汤”“干炸响铃”“生爆鳝片”等，集中反映了杭州菜的风味特色。宁波菜取用海鲜居多，烹调方法以蒸炖见长，其代表菜有“宁波雪菜大黄鱼”“锅烧鳗”“黄鱼羹”“三丝拌蛏”“奉化摇蚶”等。绍兴菜善于烹制河鲜家禽，在烹调上有其独到之处，菜品香酥绵糯，汤浓味重，富有乡土风味。温州地处浙南沿海，古称“瓯”，素以“东瓯名镇”著称。“瓯”菜多以海鲜入馔，口味清鲜、淡而不薄，烹制方法上以爆、炒见长，轻油、轻芡，注重原料的刀工成型，具有自成一体的饮食风格。温州的代表菜有“三丝敲鱼”“爆乌鱼花”“锦绣鱼丝”“马铃黄鱼”“网油黄鱼”等。

在当今的浙江菜中，还有一种仿宋菜——“南宋宫廷菜”。这种“南宋宫廷菜”大多是根据文献记载仿制的。菜式以河鲜和菜蔬为主，制作时特别讲究选料新鲜，做工精细，菜肴均以原汁原汤的本色鲜味取胜，具有口味香醇、汁水浓郁的特点，再配上豆青色的仿南宋官窑餐具，更显出典雅的宫廷气派。仿宋菜的著名菜肴有“两熟鱼”“莲房鱼包”“玉带羹”等。

四、京菜

八大菜系中并无京菜，究其原因，主要在于京菜品种复杂多元，兼容并蓄八方风味，名菜众多，难于归类。众所周知，全国各地风味菜，多年来在北京汇集、融合、发展。过去北京有皇家、王公贵族、达官贵人、巨商大贾和文人雅士，由于社会交往、礼仪、节令及日常餐饮的需要，各色餐馆应运而生。宫廷、官府、大宅门内都雇有厨师，这些厨师来自四面八方，将中华饮食文化和烹调技艺充分施展发挥，不仅吸收了宫廷菜的许多菜点，而且将全国各地许多风味菜，蒙、回、满等族的风味膳食也都融合在一起。

“北京烤鸭”是宫廷菜的一种，风味独特，名扬四海。其实烤鸭原属民间美味，早在 1500 多年前，在《食珍录》一书中就有“炙鸭”之名。明成祖迁都北京时，将金陵（今南京）烤鸭传入北京。

“涮羊肉”是游牧民族喜爱的菜肴，外国人称之为“蒙古火锅”，是宫廷御膳的一种。其实北方地区用火锅是比较广泛的，不过北京的涮羊肉更加考究一些。烤肉也是宫廷美味之一，原是游牧民族的“帐篷食品”，用铁炙子烧果枝烤，先放葱丝，上面放羊肉片（牛肉片也可），用长竹筷不断翻烤，待肉变色烤熟，即可蘸调料吃，也有先用调料将肉片拌腌后再烤的做法。食客站在炙子旁，一只脚踩在长凳上，边吃边烤，十分惬意。北京回民较多，很久以来就开设了不少清真饭馆、小吃店，清真菜以牛羊肉为主，菜式多样，也是北京菜的组成部分。经多年的磨合熏染，北京鲁菜馆的部分菜融合了北京人的口味，故而也列入北京菜范围。

药膳的发展也以北京为最重要的发祥地。北京有较多专营药膳的餐馆饭庄，菜品有数百种，可根据身体需要选食。宫廷菜中有许多都属药膳，具有食疗的作用。

官府菜是北京菜的特色之一。过去北京官府多，府中多讲求美食，并各有千秋，至今流传的“潘鱼”“宫保肉丁”“李鸿章杂烩”“黄焖鱼翅”“清汤燕菜”“北京白肉”等都出自官府。北京谭家菜为颇有代表性的官府菜，出自清末翰林谭宗浚家，后由其家厨传入餐馆，称为“谭家菜”。近年出现的红楼菜，也属于官府菜。

北京的小吃有 250 多种，地方色彩较浓的有“灌肠”“爆肚”“茶汤”“豆汁”“炒疙瘩”“炸油饼”“炸咯吱”“驴打滚”“艾窝窝”等。其中“豆汁”颇受老北京人喜欢，其味道酸怪，外地人不易接受，而老北京人对它情有独钟，远至海外的老北京人，一提北京，就想起喝豆汁的滋味。

京菜融合八方风味，烹调手法极其丰富，如涮扒炒熘、炸烙煎烤、蒸煮汆烩、煨焖煸熬、卤拌炝泡、烘焙拔丝等。

闽、沪、鄂、湘

一、闽菜

闽菜以福州、厦门、泉州等地为代表，以海味为主要原料，制作精巧，色调美观，油味清鲜。闽菜长于炒、熘、煎、煨，注重甜、酸、咸、香，尤以“糟”味最具特色。

闽南菜以厦门为代表，同样具有清鲜爽淡的特色，并且以讲究作料、善用甜辣著称，长于使用辣椒酱、沙茶酱、芥末酱、橘汁等调味料。闽西位于粤、闽、赣三省交界处，以客家菜为主体，菜肴偏咸、辣，多以山区特有的奇珍异品作为原料，有浓厚的山乡色彩。总体来说，闽菜以选料精细，刀工讲究，注重火候、调汤、作料及以“味”取胜而著称，并以烹制海鲜见长。它以清鲜、和醇、荤香、不腻等风味为中心，刀工微妙，入趣于味；汤菜居多，变化无穷；调味奇异，烹调细腻。同时，福建小吃点心也极具特色，它取材于沿海浅滩的各式海产珍品，配以特色调味而成，堪称美味。

闽菜的代表菜有“佛跳墙”“鸡汤汆海蚌”“淡糟香螺片”“沙茶焖鸭块”“七星鱼丸”“糟醉鸡”“煎糟鳗鱼”“半月沉江”“鼎边糊”“朱时果”“福州线面”“蚝仔煎”“土蚯冻”“沙茶烤肉”等。

二、沪菜

沪菜是中国主要菜系之一。沪菜以当地本帮菜为基础，兼有京、鲁、川、广、闽、杭、豫、徽、湘等肴馔和素菜、清真菜以及西餐等特色风味，并按上海内联全国、外通世界的商埠特点，适应五方杂处的口味需求，均予适当变化，形成兼容并蓄、广采博收、淡雅鲜醇、开拓创新的“海派”风格。烹调工艺以滑炒、生煸、红烧、清蒸见长，口味注重真味，讲究清淡而多层次，质咸鲜，菜品新颖精致。

在上海本帮名菜中，浓油赤酱的有“锅烧河鳗”“红烧圈子”“佛手肚膛”“红烧划水”“油酱毛蟹”等，清淡素雅的首推夏秋季节的糟货，如“糟鸡”“糟猪爪”“糟门腔”“糟

毛豆”“糟茭白”等，而“荠菜春笋”“水晶虾仁”“冰糖甲鱼”“芙蓉鸡片”等以鲜嫩清淡见长。

三、鄂菜

鄂菜以水产为本，制作精细，尤重火工。菜肴大都汁浓、芡稠、口重、味纯，具有朴实的民间特色。鄂菜风味包括武汉、荆沙和黄州三个地方菜点特色。

武汉菜吸取了湖北各地和外地的一些风味菜点的长处，善于变化改良，花色品种较多，注重刀工火候，讲究造型，尤其是煨汤技术有独到之处。荆沙菜以烹制淡水鱼鲜见长，更以各种蒸菜最具特色，用芡薄，味清纯，保持原味。黄州菜擅长烧、炒，用油稍宽，火工恰当，汁浓口重，味道偏咸，富有乡村风味。鄂菜的小吃点心品种多，风味特殊。

鄂菜的代表菜点有“清蒸武昌鱼”“钟祥蟠龙”“瓦罐煨鸡”“鸡泥桃花鱼”“峡口明珠汤”“热干面”“三鲜豆皮”“东坡饼”“面窝”等。

四、湘菜

湖南菜简称湘菜，是我国八大菜系之一。湘东南为丘陵和盆地，农牧副渔都很发达。湘西多山，盛产笋、蕈和山珍野味。早在两千多年前的西汉时期，长沙地区就能用兽、禽、鱼等多种原料，以蒸、熬、煮等烹调方法，制作各种款式的佳肴，逐步形成了以湘江流域、洞庭湖区和湘西山区三种地方风味为主的湖南菜系。

湘江流域的菜，制作精细，用料广泛，口味多变，品种繁多，其特点是油重色浓，讲求实惠，在品味上注重酸辣、香鲜、软嫩。制法有煨、炖、腊、蒸、炒等。煨、炖讲究微火烹调，煨则味透汁浓，炖则汤清如镜。腊味制法包括烟熏、卤制、叉烧，既可做冷盘，又可热炒，还可用优质原汤蒸，突出鲜、嫩、香、辣。其代表菜有“海参盆蒸”“腊味合蒸”“走油豆豉扣肉”“麻辣仔鸡”等。

洞庭湖区的菜，以烹制河鲜、家禽和家畜见长，多用炖、烧、腊的制法，其特点是芡大油厚，咸辣香软。炖菜常用火锅上桌，边煮边吃边下料，滚热鲜嫩，津津有味。其代表菜有“冰糖湘莲”等。

湘西菜擅长制作山珍野味、烟熏腊肉和各种腌肉，口味侧重咸香酸辣，常以柴炭作燃料，有浓厚的山乡风味。其代表菜有“板栗烧菜心”“湘西酸肉”“炒血鸭”等。

总体来说，湘菜以刀工精细、形味兼美、调味多变、酸辣著称，讲究原汁，技法多样，尤重煨烤。

甘、陕、黔、琼、东三省

一、甘肃菜

甘肃风味以兰州为代表，小吃面点则汇聚了回族饮食的精华。甘肃菜善烹牛羊肉，朴实无华，菜少用配料；崇尚辣、鲜、咸、酸、香，重用香料，口味厚浓、肥腻。现受外省市烹调影响，也有制作精细的菜肴。

甘肃菜的著名菜点有“驼峰炒五丝”“烧驼掌”“梅衣羊头”“河西酥羊”“提篮鱼”“罗锅鱼片”“兰州拉面”“烧鸡粉”“高担酿皮”“浆水面”“羊肉粥”等。

二、陕西菜

陕西菜包括陕西、甘肃、宁夏、青海、新疆等地方风味，是秦陇风味的简称。

秦陇风味特色是“三突出”。一为主料突出，以牛羊肉为主，以山珍野味为辅。二为主味突出，一个菜肴所用的调味料虽多，但每个菜肴的主味却只有一个，酸、辣、苦、甜、咸只有一味突出（包括复合味），其他味居从属地位。三为香味突出，除多用香菜作配料外，还常选干辣椒、陈醋和花椒等。干辣椒经油烹后拣出，是一种香辣味，辣而不烈。醋经油烹，酸味减弱，香味增加。花椒经油烹，麻味减少，椒香味增加。选用这些调料的目的，并非单纯为了辣、酸、麻，而主要是取其香。秦陇风味的烹调技法以烧、蒸、煨、炒、汆、炝为主，多采用古老的传统烹调方法，如石烹法，至今沿用，可谓古风犹存。烧、蒸菜，形状完整，酥烂脆嫩，汁浓味香，特点突出。清汆菜，汤清见底，主料脆嫩，鲜香光滑，清爽利口。温拌菜（属炝法），不凉不热，蒜香扑鼻，乡土气息极浓。烧、蒸、清汆、温拌是秦陇风味最具有代表性的菜式。

秦陇风味主要由衙门菜、商贾菜、市肆菜、民间菜和以清真菜为主的少数民族菜组成。衙门菜，又称官府菜，历史悠久，以典雅见长，如“带把肘子”“箸头春”等。商贾菜以名贵取胜，如“金钱发菜”等。市肆菜以西安、兰州等重镇中心的名楼、名店的肴馔为主，代表名菜有“明四喜”“奶汤锅子鱼”“煨鱿鱼丝”“烩肉三鲜”等。民间菜经济实惠，富有浓厚的乡土气息，如“光头肉片”“肉丝烧茄子”“葫芦头”等。清真菜，历经明、清，初具规模，如“全羊席”，闻名遐迩。

秦陇风味的五个组成部分各有特色，但由于市肆菜品种繁多，名厨如云，占有地理优势，接触面广，在保持传统特色的基础上，不断创新发展，因此其始终居秦陇风味的主导地位，对衙门菜、商贾菜、民间菜和少数民族菜的发展，有一定的影响。

三、贵州菜

贵州有句古谚：吃饭没酸辣，龙肉都咽不下。如果来到这个西南一隅的黔地，只去看看黄果树瀑布或者喝喝茅台酒，而不去尝尝鲜酸香辣的贵州菜，真是有点可惜。贵州菜里的酸汤可不是简简单单的一碗醋，酸汤分为菜类酸、鱼类酸、肉类酸、米类酸等，都是生物自然发酵而成，像“番茄酸汤”就是用西红柿慢慢熬出来的，浓浓的酸鲜味让人喝了一碗还想喝第二碗。贵州菜的辣是“香辣”，不是那种让人边吃边掉泪的辣而不香。

贵州菜以家常菜为主，品种多样。贵州菜一开始就善于集百家之长。贵州的世居民族只做一些简单的山野菜。后来，江西人来了、四川人来了、湖南人来了……带来的各地特色菜和当地土菜一结合，就成了贵州菜的“祖宗”。大约在明代初期，贵州菜已经有模有样。民国时，许多贵州菜师傅跑到四川学手艺，回来后带出一帮弟子，这些徒弟自我创新，又带出自己的徒弟，现在贵州菜的师傅们大部分就是他们的“后代”。虽说万变不离其宗——酸辣，但贵州菜的师傅们总在琢磨怎么让自己的菜更有特色，才能让已经尝遍各地特色菜的人们停在贵州菜馆门口。内行人说，现在的贵州菜又叫江湖菜，无帮无派，似黔非黔，似粤非粤，似川非川，自成一派。

于是，光是“辣得香”就有了好多门道。贵州人吃辣椒在全国首屈一指，这不是指贵州人吃得辣，吃得多，而是说贵州人的辣椒加工成系统，口味上有特色。贵州菜带辣味的菜肴可分为油辣、煳辣、干辣、青辣、糟辣、酸辣、麻辣、蒜辣等系列，有的辣得大汗淋漓，有的辣得回味无穷。比如其他地方绝对没有的“鸡辣椒”，因为主料是嫩嫩的鸡丁，自然比一般的辣椒多了一种鲜香味。不要说用鸡辣椒作调味品，就是当作一道菜也不为过。

贵州火锅也自成特色，“凯里酸汤鱼火锅”“贵阳青椒童子鸡火锅”“幺铺毛肚火锅”“鼎罐鸡火锅”等，光听名字就让人嘴馋。贵州火锅特别强调主料、调料、辅料混合而成的异香味，火锅烧开后，香味扑鼻。

贵州菜的蘸水也是一绝。虽然调料也就是辣椒、蒜泥、姜末、香菜、花椒、味精等酌情添减，但什么菜配什么蘸水都有讲究。如贵州名菜“金钗挂玉牌”，用糍粑辣椒蘸水，辣香醇厚；用煳辣椒蘸水，干香浓郁；用青椒西红柿蘸水，清香爽口；还有更讲究的，或在蘸水中加上炸过的黄豆、花生，或调上豆腐乳，撒上点肉末，或加上点折耳根、茴香、薄荷、苦蒜、豆豉等，风味又不同。

四、海南菜

海南菜是以粤菜为基础，再结合本地特色发展而来的菜系。在烹调原料上地方特色明显，如常用海味，多用野味，对禽畜原料挑选严格，尤其是菜肴中常出现海南的特色水果，如椰子、椰蓉、菠萝蜜、蜜桃等。海南菜讲究色、香、味、形俱佳，注重原料鲜活，口味清淡，体现本味。海南菜的面点小吃很多，甜、咸、干、湿、软、硬都有。

海南菜的著名风味菜点有“海南椰子盅”“蜜仁加积鸡”“火把杀山羊”“母子一家”“百衣椰子盒”“椰蓉焗仔鸡”“酥炸虾饼”“海南粉”“萝卜糕”“椰蓉糯米糕”“空心煎堆”等。

五、东北菜

东北菜是在满族菜肴的基础上，吸收各地菜系特别是鲁菜、京菜的长处，不断形成和发展出来的。东北菜容易给人一种粗犷有余、精致不足的印象，高档的宾馆酒楼里很少做这种菜，这反而成全了东北菜“市民菜”“百姓菜”的形象。

东北菜以炖、酱、烤为主要特点，形糙色重味浓。粗线条的东北菜不拘泥于细节，颇像豪爽的东北人。酱脊骨、酱猪蹄、酱鸡爪等酱菜，若佐以醇厚的高粱烧酒，便有几分豪气在饭桌上升腾，充满了塞外的味道。

东北菜一菜多味，咸甜分明，酥烂香脆，色鲜味浓，明油亮芡，讲究造型。烹调方法长于扒、炸、烧、蒸、炖，“白肉血肠”“金鱼卧篷”“蜜汁樱花”“什锦火锅”别具一格，“酱骨架”“金针菇炖小鸡”“猪肉炖粉条”“锅包肉”“丰收菜”喷喷香，让人拍案叫绝。

素　菜

我国的素菜种类极为丰富，现在已发展到几千种，在制作方法上，由于生活水平的提高，也有了新的发展。目前我国素菜的烹制方法大致可分为三类：第一类为卷货类，系用豆皮包馅卷紧，淀粉勾芡，烧制而成，有素鸡、素鸭、素肉、素火腿、素肠等；第二类为卤货类，系以面筋、香菇作为主要原料，加工烧制而成，有“素什锦”“香菇面筋”“酸辣片”等；第三类为炸货类，要过油煎炸而成，有“素虾”“香椿鱼”“小松肉”等。

中国素菜的历史可追溯到西汉时期。相传西汉时期的淮南王刘安发明了豆腐，为素菜的发展立下汗马功劳。豆腐不仅是素菜的重要原料，也是素食中的优质蛋白。因此，豆腐的发明不仅丰富了素菜的内涵，而且在营养学方面使素食有了更强有力的理论依据。据考证，北魏的《齐民要术》中专列了素菜一章，介绍了 11 种素食，是我国目前发现的最早的素食谱。南朝的梁武帝崇尚佛学，终身吃素，并倡导素食，大大推动了中国素菜文化的发展。据记载，北宋汴梁和南宋临安的市肆上曾有专营素菜的素食店。宋朝时有林洪的《山家清供》，其所载一百多种食品中大部分为素食，包括花卉、药物、水果、豆制品等，其中还首次记载了“假煎鱼”“胜肉夹”和“素蒸鸡”等素菜荤做的手法。此外，还有陈达叟的《本心斋疏食谱》，记录了 20 种用蔬菜和水果制成的素食。元明清三代，素菜的发展越来越繁荣，素菜在各种文献中的记载也非常丰富。清末薛宝辰曾有素食专著《素食说略》，其中记述了 200 多种素食。

另外，中国素菜很早就流传至国外。据日本学者木宫泰彦的《中日交通史》记载，明末隐元和尚东渡日本时，曾传去某些烹调制作技艺，其中就有“净素烹调”技术。

一、素菜的特点

1. 别具风味，有利健康

这是因为素菜以绿叶菜、果品、菇类、豆制品、植物油等作为原料，味道鲜美，含有丰富的营养，容易消化，有的素菜还有抗癌的作用，对人们的身体健康十分有益。

2. 选材广泛，珍品繁多

纵观大江南北、长城内外，各个地区都有丰富的素菜原料，不但味道好，而且营养成分很高，珍品繁多。

3. 模拟荤菜，形象逼真

各地素菜中均有形似荤菜的名菜名点，形象逼真，十分精致，如“素烧鹅”“素鸡”“素鱼”“素排骨”等。

二、素菜的流派

中国素菜有三大流派、两大方向。三大流派是指宫廷素菜、寺院素菜和民间素菜，两大方向是指全素派和以荤托素派。全素派主要以寺院素菜为代表，不用鸡蛋和葱蒜等“五荤”。以荤托素派主要以民间素菜为代表，不忌“五荤”和蛋类，甚至用海产品及动物油脂和肉汤等。

1. 寺院素菜

寺院素菜泛指佛家寺院和道家观宇中的素食佳肴，为中国素菜的“全素派”。据《清稗类钞》记载，清朝“寺庙庵观素馔之著称为时者，京师为法源寺，镇江为定慧寺，上海为白云观，杭州为烟霞洞”。

据记载，少林寺曾用少林素食在寺中先后招待过唐太宗、元世祖、清高宗等 20 多位帝王。公元 629 年 9 月，唐太宗因念及当年少林寺十三棍僧救驾之恩，亲率魏征、秦琼等人拜访少林寺，昙宗和尚以 60 款素菜设“蟠龙宴”招待唐太宗。1292 年 4 月，元世祖前往少林寺寻访他的好友福裕大和尚，寺中为其特设“飞龙宴”，多达 90 道素菜。

2. 宫廷素菜

宫廷素菜主要供帝王享用。清宫御膳房曾下设荤局、素局、饭局和点心局。其中素局专门负责烹调素菜，其特点是制作极为精细，配菜规格繁杂。

宫廷素菜来源于民间，发展于宫廷，最后又流传于民间。这是因为御厨往往选拔于民间，年老退休后又回到民间。如清朝的御厨年老要退休离宫，退休后他们开饭馆或传艺他人，使御膳流传于民间。辛亥革命后，清朝灭亡，一批御膳房素局的名厨流落于民间，开创了各自的素菜事业，如“全素斋”就曾名噪京城。

3. 民间素菜

民间素菜是指民间的素菜馆和家常烹制的素菜，也有自己的流派，如川菜素食等。

三、素菜的原料

素菜的原料一般包括五谷杂粮、豆类、蔬菜、菌类、藻类、水果、坚果等。

经初加工的常用素菜原料有：由黄豆加工成的豆腐及豆制品，由面粉加工成的面筋和烤麸，以及粉皮、粉丝等。

菌藻类包括蘑菇、木耳、银耳、香菇、平菇、草菇、猴头菇、海带、发菜、紫菜、蕨菜等。

豆制品的品种有豆浆、南豆腐、北豆腐、冻豆腐、包装豆腐、豆腐干、豆腐片、豆腐皮、豆腐泡、素鸡、熏干、腐竹、油皮、腐乳、豆豉、黄酱、酱油、发酵豆乳、大豆蛋白等。

四、素菜的烹调方法

素菜的烹调方法与荤菜基本相仿，但在具体操作过程中，又有其独到之处。例如，烧（烤）的特点是逢烧（烤）必炸，而荤菜则不同。

素菜的烹调方法主要有拌、卤、炝、酥、熏、腌、卷、炒、炸、熘、烧、烩、熬、焖、扒、爆、炖、蒸、蜜汁、挂浆、挂霜等。

此外，素菜也有其造型、组合及装饰技艺。其中“仿荤”是素菜制作的一大特点。由刘海泉创办的“全素斋”在此方面的技艺尤为突出，他用面筋、腐竹、豆腐皮及中药调料等制作的“鸡”“鸭”等形象和质地都非常逼真。切开整鸡时，鸡丝俨然可见。其仿荤秘诀是“鸡吃丝，鸭吃块，肉吃片，鱼吃段”。

五、素菜名菜

素菜经长期的历史发展，其品种已相当丰富。著名的菜品有“糖醋小排骨”“干烧冬笋”“素炒鳝鱼丝”“五香烤麸”“口蘑烧菜心”“素香肠”“什锦罗汉斋”“冬菇面筋”“糖醋黄雀”“素火腿”“酿冬菇”“素八宝全鸡”“素烧三元”“荷包豆腐”“鲫鱼冬笋”“酱汁核桃仁”“叉烧面筋”“素塔蛋皮”“素炒蟹粉”“糖醋素鱼”“焦熘面筋丝”“挂卤素鹅”“锅烧露笋”“糖醋鲜蘑”“佛手冬笋”“咖喱素鸡”“糖醋南荠丸子”“香糟茭白”“豆苗烧素鱼丸”“素炒肉松”“焦熘肥肠”“糖醋松鼠鱼”“素炸鸽蛋”“青椒炒素鸡丁”“口蘑锅巴汤”“面筋吐司”“糖醋明虾”“红焖津菜”“罗汉斋”“鼎湖上素”“佛手鱼卷”“红烧鸡卷”“奶汤素烩”“酿扒竹笋”“双味素虾仁”“口蘑烧鹅皮”“红扒鲍鱼”。还有“八宝鸭”“糖醋鱼”“炒毛蟹”“油炸虾”等有名的象形菜和“孔雀”“凤凰”“花篮”“蝴蝶”等花色冷盘菜。